电力电子技术及应用实验教程

于　静　主编

山东大学出版社
SHANDONG UNIVERSITY PRESS
·济南·

内容提要

本书是"电力电子技术""电力拖动自动控制系统""电力电子自动控制系统""电力电子装置及应用""综合实验"等课程的实验教材。

编者按照理论教学实际和多年的实践教学经验,分类编写了"电力电子技术""电力电子装置和交直流调速"等相关课程诸多实验项目的实验原理、实验方法等,内容详实完整,由浅入深,可操作性强。实验项目包括基础实验和综合实验,内容涵盖了电力电子技术及应用的多个方面。

本书适用于电气工程及其自动化专业、自动化专业及其他相关专业的本科生和研究生,也可供有关工程技术人员参考。

图书在版编目(CIP)数据

电力电子技术及应用实验教程/于静主编.—济南:
山东大学出版社,2018.7(2022.8 重印)
ISBN 978-7-5607-6124-4

Ⅰ.①电… Ⅱ.①于… Ⅲ.①电力电子技术-实验-
教材 Ⅳ.①TM1-33

中国版本图书馆 CIP 数据核字(2018)第 191471 号

责任编辑 李 港
封面设计 牛 钧

出版发行 山东大学出版社
社　　址 山东省济南市山大南路 20 号
邮政编码 250100
发行热线 (0531)88363008
经　　销 新华书店
印　　刷 济南百禾彩印有限公司
规　　格 787毫米×1092毫米 1/16
　　　　　 10 印张 228 千字
版　　次 2018 年 7 月第 1 版
印　　次 2022 年 8 月第 2 次印刷
定　　价 21.00 元

《电力电子技术及应用实验教程》
编委会

主　编　于　静

副主编　王玉斌　王　慧

编　委　颜世钢　白树忠　王建民　李　谦

　　　　蒿天衢　高洪霞

主　审　王　辉　王广柱

前　言

本书根据"电力电子技术""电力电子自动控制系统""电力电子装置及应用""自动控制理论""综合实验"等课程的教学大纲,结合高校通用的实验设备,总结多年的实践教学经验编写而成。

全书共三章,第一章对电力电子技术及应用进行了概述,介绍了电力电子技术实验的基本要求和安全操作规程等。第二章介绍了晶闸管相控整流电路实验、直流—直流变流电路实验、直流—交流变流电路实验、交流—交流变流电路实验和电力电子技术应用实验。第三章介绍了直流电机和交流电机调速系统实验,包括晶闸管直流调速系统参数和基本环节特性的测定实验,转速、电流双闭环不可逆直流调速系统实验,逻辑无环流可逆直流调速系统实验,双闭环可逆直流脉宽调速系统(H 桥)实验,直流调速计算机控制系统实验,双闭环三相异步电动机调压调速系统实验,双闭环三相异步电动机串级调速系统实验,三相 SPWM、马鞍波、SVPWM 变频调速系统实验,DSP 控制三相异步电动机变频调速实验(C 语言版)。每个实验项目都包括实验原理,实验参考电路、实验方法等内容,学生参照本书可以独立完成实验。

本书在实验内容编排上按照理论教学实际,内容详实完整,由浅入深,理论联系实际,涵盖了电力电子技术及应用的多个方面,实验项目包括基础实验和综合实验。通过进行多项基础和综合实验,学生不仅能掌握实验方法和操作技能,更能对所学专业课程进一步深化理解,同时能提高运用理论分析解决问题的能力、工程实践能力和创新能力。

本书可作为工科院校电气工程及其自动化、自动化、机电一体化、其他电类专业的"电力电子技术""电力电子装置及应用""电力电子自动控制系统""电力拖动自动控制系统""自动控制原理与系统""电机控制""综合实验"等课程的实验教材,也可作为本科生和研究生专业学习的参考用书。

本书是以浙江天煌科技实业有限公司的 DZSZ-1A 型电力电子技术及电机控制实验装置和浙江求是科教设备有限公司的 NMCL-Ⅲ型电力电子及电气传动教学实验台为实验设备而编写的。除本书列出的实验项目,学生还可以实验装置为平台进行相关的设计研究性实验。本书附录提供了这两种实验装置的详细介绍。

本书由于静担任主编并统稿,由王玉斌、王慧担任副主编,由颜世钢、白树忠等担任编委,由王辉、王广柱担任主审,他们提供了大量资料并提出了许多指导性修改意见。本书的编写、出版得到了山东大学电气工程学院的大力支持,编者在此表示衷心的感谢。

在本书编写过程中,浙江天煌科技实业有限公司、浙江求是科教设备有限公司提供了大量相关资料,编者也学习借鉴了国内其他作者的相关资料,在此向所有作者表示感谢。若有未提及的参考文献,恳请谅解。限于编者水平,书中难免存在不当支出,敬请读者批评指正。

编　者
2018 年 3 月于山东大学

目　录

第一章 电力电子技术实验概述

　　"电力电子技术"是电气工程与自动化类专业重要的专业基础课,"电力电子装置及应用"和"电力电子自动控制系统"是电力电子专业方向两门重要的专业课。这些课程都具有实践性强的特点,学生学习理论知识后,必须通过实践过程才能更清楚地掌握和运用所学的专业理论课程。实验是学好各专业课程必不可少的重要环节。实验(实践)教学的目的不仅是培养学生掌握实验方法和操作技能,更主要的是培养学生的自学能力、数据分析和处理能力,以及运用理论分析和解决问题的能力等,它对学生综合素质、工程实践能力的培养,特别是对学生创新能力的培养有着非常重要的作用。

第一节 基本理论

一、电力电子技术

　　电力电子技术就是应用于电力领域的电子技术,是使用电力电子器件对电能进行变换和控制的技术。

　　通常所用的电力有交流和直流两种。从公用电网直接得到的电力是交流电,从蓄电池和干电池得到的电力是直流电。从这些电源得到的电力往往不能直接满足要求,需要进行电力变换。

　　电力变换通常分为四大类。

　　(1)整流:将交流电能变换为直流电能(AC-DC)。由电力二极管可组成不可控整流电路,用晶闸管或其他全控型器件可组成可控整流电路。

　　(2)逆变:将直流电能转换为交流电能(DC-AC)。逆变器的输入是直流电,输出是交流电,交流输出电压的基波频率和幅值都能调节和控制。

　　(3)直流—直流:直流—直流变换是指将一种电压(或电流)的直流电能变换为另一种电压(或电流)的直流电能(DC-DC),可用直流斩波电路实现。

　　(4)交流—交流:交流—交流变换是将固定大小和频率的交流电能转换为大小和频率

可调的交流电能（AC-AC）。交流—交流除了电压或电流的变换外，还可以是频率或相数的变换。

以上电力变换技术称为"变流技术"，是电力电子技术的核心。

利用以上四类基本变换可以组合成许多复合型电力变换器。例如：将 AC-DC 和 DC-AC 两类变换器串联可以复合成有中间直流环节的交流—交流间接变频器；将 DC-AC 和 AC-DC 两类变换器串联可以复合成有中间交流环节的直流—直流间接变压器等。

变流技术也称为"电力电子器件的应用技术"，包括用电力电子器件构成各种电力变换电路和对这些电路进行控制的技术，以及由这些电路构成电力电子装置和电力电子系统的技术。电力电子器件的制造技术是电力电子技术的基础。

电力电子器件是指可直接用于处理电能的主电路中，实现电能变换或控制的电子器件。电力电子器件一般都工作在开关状态，它承受电压和电流的能力是最重要的参数，自身功率损耗通常远大于信息电子器件，在其工作时都需要安装散热器。

在实际应用中，电力电子器件一般是由控制电路、驱动电路和以电力电子器件为核心的主电路组成一个系统。由控制电路按照系统的工作要求形成控制信号，通过驱动电路去控制主电路中电力电子器件的导通或者关断，来完成整个系统的功能。主电路中的电压和电流一般都较大，但控制电路中的元器件只能承受较小的电压和电流，因此在主电路和控制电路连接的路径上一般需要进行电气隔离，通过光、磁等手段来传递信号。主电路中往往有电压和电流的过冲，而电力电子器件一般比主电路中普通的元器件承受过电压和过电流的能力差一些，因此在主电路和控制电路中附加一些保护电路，以保证电力电子器件和整个电力电子系统的正常可靠运行。

按照电力电子器件能够被控制电路信号控制的程度，可将电力电子器件分为三类。

(1)不可控器件：指电力二极管(Power Diode)，不能用控制信号来控制其通断。器件的导通和关断完全由其在主电路中承受的电压和电流决定。

电力二极管的结构和原理简单，可把其看成正方向单向导电，反方向阻断电压的静态单向电力电子开关，其工作可靠，现在仍大量应用于许多电气设备中。利用二极管正向偏置时单向导电、反向偏置时截止的特性，可实现整流变换。整流变换是二极管最基本、最广泛的应用。电力二极管还可以在变流电路中作为续流二极管、电压隔离或保护元件。

(2)半控型器件：通过控制信号可以控制其导通而不能控制其关断，主要指晶闸管(Thyristor)及其大部分派生器件。器件的关断完全由其在主电路中承受的电压和电流来决定。

晶闸管引出阳极 A、阴极 K 和门极(控制端)G 三个连接端。晶闸管正常工作时的工作特性是：当晶闸管承受反向电压时，不论门极是否有触发电流，晶闸管都不会导通；当晶闸管承受正向电压时，仅在门极有触发电流的情况下晶闸管才能导通。若要使已导通的晶闸管关断，只能利用外加电压和外电路的作用使流过晶闸管的电流降到接近于零的某一数值以下。

(3)全控型器件：通过控制信号既可以控制其导通又可以控制其关断。目前最常用的是绝缘栅双极型晶体管(Insulated Gate Bipolar Transistor,IGBT)和电力场效应晶体管(Power-Metal Oxide Semiconductor Field Effect Transistor,Power MOSFET)。

Power MOSFET 是单极型晶体管,为三端器件,其关断过程非常迅速,工作频率可达100 kHz 以上,开关速度快,输入阻抗高,热稳定性好,所需驱动功率小且驱动电路简单,耐压低,多用于小功率(10 kW 以下)的电力电子装置。

IGBT 也是三端器件,为双极型晶体管,兼有 Power MOSFET 和电力晶体管的优点:高输入阻抗,电压控制,驱动功率小,开关速度快,工作频率可达 10～40 kHz,开关损耗小,耐压和通流能力强,具有耐脉冲电流冲击的能力,适用于中、大功率场合。

采用全控型器件的电力电子装置总体性能一般都优于采用晶闸管的电力电子装置,但在10 MVA 以上或数千伏以上的应用场合,如果不需要自关断能力,晶闸管仍然是首选器件。

电力电子技术可以看成是弱电控制强电的技术,是弱电和强电之间的接口。而控制理论则是实现这种接口的一条强有力的纽带。另外,控制理论是自动化技术的理论基础,二者密不可分,而电力电子装置则是自动化技术的基础元件和重要支撑。控制理论被广泛用于电力电子技术中。

基本电力变换器的控制方式一般分两种:相位控制和脉冲宽度调制(Pulse Width Modulation,PWM)控制。相控变换器的输出特性取决于延迟导通相位角的大小;PWM控制技术是通过对脉冲的宽度进行调制来控制电力变换器的输出电压。采用输出电压的闭环反馈控制,改变相位控制信号的起始角,或改变高频开关 PWM 的脉冲宽度,很容易实现变流电路输出电压的自动调节和控制。

二、电力电子技术的主要应用领域

电力电子技术的应用范围十分广泛,不仅被应用于一般工业,也被广泛应用于交通运输、电力系统、新能源系统、计算机系统、家用电器等领域。

(一)工业传动

工业中大量应用各种交直流电动机。电力电子技术是电动机控制技术发展的重要基础。利用整流器或斩波器获得可变的直流电源,对直流电动机电枢或励磁绕组供电,来控制直流电动机的转速和转矩。利用逆变器或交流—交流直接变频器对交流电动机供电,改变逆变器或变频器输出的频率和电压可以有效地控制交流电动机的转速和转矩。

电气化铁道中广泛采用电力电子技术。电气机车中的直流机车采用整流装置,交流机车采用变频装置。直流斩波器也被广泛用于铁道车辆。电动汽车的电动机依靠电力电子装置进行电力变换和驱动控制。一台高级汽车中需要许多控制电动机,它们也要靠变频器和斩波器驱动并控制。同样,飞机、船舶都离不开电力电子技术。

(二)电子装置用电源

各种电子装置一般都需要不同电压等级的直流电源供电。

计算机全面采用了全控型器件的高频开关电源。高频小型化的开关电源也已成为现代通信供电系统的主流;不间断电源(UPS)是计算机、通信系统以及要求提供不能中断电能场合所必需的一种高可靠、高性能电源。现代 UPS 普遍采用 PWM 技术和功率 Power MOSFET、IGBT 等现代电力电子器件,使电源噪声降低,效率和可靠性提高。在大功率场合,如电化学工业、冶金工业、电解铝、电镀装置等也都需要电力电子装置提供电源。

(三)电力系统

电力电子技术被广泛应用于电力系统,从电能的生产、传输、储存直至变换和控制的各个环节都离不开电力电子技术,如发电机可控硅励磁调节器、高压直流输电、静止无功功率补偿和无功发生器、有源电力滤波器、统一功率潮流控制器、可再生能源和储能系统与电网的互联等。专家们认为在未来会有更多更新的高电压大功率半导体器件和装置投入电力工业的实际运行中,使电力系统变为灵活可控系统(柔性交流输电系统),对未来电力系统的发展将产生重大影响。

柔性交流输电系统(Flexible AC Transmission System,FACTS),也称"柔性输电技术",是利用大功率电力电子器件构成的装置来控制或调节电力系统的运行参数和(或)网络参数从而优化电力系统的运行状态,提高电力系统的输电能力的技术。随着电力电子技术的不断发展,越来越多的 FACTS 装置将被应用到电力系统中,对增强电力系统运行的稳定性和安全性、提高输电能力和用电效率、节能及改善电能质量等方面发挥重要作用。

第二节 电力电子技术实验基本要求

电力电子技术实验综合性强,实验系统复杂,系统性较强,学生应根据实验内容,拟定实验线路,选择所需仪表,确定实验步骤,测取所需数据,观察实验现象,进行分析研究,总结实验数据,得出必要结论,写出有独特见解的实验报告。

一、实验准备

(1)实验前复习教材中与实验内容有关的内容,熟悉相关理论知识。认真研读实验指导书,了解实验系统的工作原理,了解实验目的、内容与方法,明确本次实验的注意事项。

(2)了解实验设备,掌握实验所用仪器仪表的使用方法,明确接线方式,熟悉实验步骤,列出实验时所需记录的数据表格。

(3)写出预习报告。预习报告包括计算实验相关参数的理论值、预测实验结果、回答思考题。

(4)实验前分好实验小组,基础课实验每组 1~2 人,专业课实验每组 2~4 人。确定组长,合理分工。

二、实验实施

(1)指导教师检查预习报告,未预习者不准进行实验。

(2)按实验小组进行实验。实验小组成员应进行明确的分工,以保证实验操作协调,记录数据准确可靠。各人的任务应在实验进行中实行轮换，以便实验参与者能全面掌握实验技术，提高动手能力。

（3）根据实验线路图及所选仪表设备进行接线，接线力求简单明了。接线原则是先串联主回路，后并联支路。例如单相或直流电路，从一极出发，经过主要线路的各仪表、设备后回到另一极。串联电路接好后再把并联支路逐段并上。

（4）完成实验系统接线后进行自查，串联电路从电源的某一端出发，按回路逐项检查各仪表、设备、负载的位置、极性等是否正确；并联支路则检查其两端的连接点是否在指定的位置。距离较远的两连接端必须选用长导线直接跨接。导线长短要合适，不宜过长或过短，每个接线柱上的接线不要超过两根，检查接线是否牢靠，不能松动。

（5）为了确保安全，线路接好并自查后，经指导教师复查确认无误后方可合闸通电。

（6）系统启动前，一般应使负载电阻值最大，输入值最小；实验时按照实验教材所提出的要求、步骤，逐项进行操作。改接线路时，必须断开主电源。实验中要严格遵守操作规程和注意事项，仔细观察实验中的现象，认真做好数据测试工作，测试记录点的分布应均匀。结合理论分析与预测趋势，观察实验现象是否正常，判断所得数据是否合理。

（7）完成本次实验全部内容后，应将实验数据和记录的波形交给指导教师检查，经指导教师认可后方可拆线，整理现场，将仪器、工具物归原位。

三、实验报告

实验报告应根据实验目的、实验数据及在实验中观察和发现的问题，经过分析研究得出结论，或通过分析讨论写出心得体会。实验报告是实验工作的总结和成果，每位实验参与者都要独立完成一份实验报告。

实验报告的编写应持严肃认真、实事求是的科学态度。如果实验结果与理论值有较大出入，要用理论知识来分析实验数据和结果，解释实验现象，找出引起误差的原因。

实验报告要简明扼要、字迹清楚、图表整洁、结论明确，内容包括：

（1）实验名称、专业、班级、实验学生姓名、同组者姓名和实验时间。

（2）列出实验设备、仪器、仪表的型号、规格、编号、铭牌数据（额定容量、额定电压、额定电流及额定转速等）。

（3）扼要写出实验目的，绘制实验线路图，列出实验项目、实验步骤。

（4）整理实验数据，说明实验条件，写出计算公式。

（5）画出与实验数据相对应的特性曲线或记录的波形。

（6）用理论知识对实验结果进行分析总结，得出明确的结论，这是实验报告中很重要的部分。对实验中出现的某些现象、遇到的问题进行分析、讨论，写出心得体会，并对实验提出自己的建议和改进措施。

（7）实验报告应写在一定规格的报告纸上，保持整洁。每次实验每人独立完成一份报告，按时送交指导教师批阅。

第三节　电力电子技术实验安全操作规程

为了顺利完成电力电子技术实验,确保实验时人身安全与设备安全,要严格遵守实验室安全操作规程。一般电力电子技术实验室安全操作注意事项如下:

(1)人体不可接触带电线路。

(2)任何接线和拆线操作都必须在切断主电源后进行。

(3)学生独立完成接线或改接线路后,应仔细再次核对线路,经指导教师检查确认,并令全组同学注意后,方可合上电源。

(4)实验中如发生故障或报警,应立即切断电源保护现场,并报告指导教师,待查清故障原因并妥善处理后,才能继续进行实验。

(5)实验时应注意衣服、围巾、发辫及实验用导线等,防止以上物品卷入电动机的旋转部分,不得用手或脚去促使电动机启动或停转,以免发生危险。

(6)操作开关动作要迅速果断。

(7)在实验中应注意所接仪表的最大量程,以免损坏仪表、电源或负载。

(8)使用电流互感器时,二次侧不允许开路,以免产生高电压损坏仪表和危及人身安全。

(9)电源控制屏以及各挂件所用保险丝的规格和型号不得随意改变,否则可能会引起不可预料的后果。

(10)完成闭环实验前一定要确保反馈信号极性的正确性。

(11)除阶跃启动实验外,系统启动前负载电阻必须放在最大阻值,给定电位器必须退回至零位后,才允许合闸启动并慢慢增加给定电压,以免元件和设备过载损坏。

(12)在直流电动机启动时,要先加励磁电源,后加电枢电压。完成实验时,要先关电枢电压,再关励磁电源。

(13)实验时分清主电路和控制电路,先启动主电路电源,再开启控制电路电源。认真研读各实验项目的注意事项,特别注意开关机顺序。

(14)转动电阻盘时不要用力过猛,以免损坏。

(15)注意设备的额定值,实验时不能超负荷运行。

(16)搬动挂箱需轻拿轻放,以免损坏挂件。

(17)不乱动与本实验无关的仪器设备。

第四节 万用表、数字存储示波器的使用方法

一、万用表

万用表又称"万能表"或"多功能表",是小型轻便的测量仪表,用于电气实验、维修及电路检查等,可以方便地测量低压电气设备或实验装置的直流电压、直流电流、交流电压、交流电流,还可测量电阻等。万用表有模拟式和数字式两种。

模拟式万用表已经很少有人使用,但由于其用指针指示测量值,可以观察被测量的变化过程,且构造简单,所以现在仍有人使用。

图 1-4-1 是数字式万用表,其性能稳定,具有很高的灵敏度和准确度,可在显示屏上直接显示测量的数值。有的数字式万用表还可以自动切换量程,是实验室必备的测量仪表。

图 1-4-1 数字式万用表

（一）使用数字式万用表的注意事项

(1)当仪表或表笔破损时,不能使用。

(2)在裸露的导体或总线周围工作时,必须极其小心。

(3)先测量已知的电压,以确认仪表是否正常工作。

(4)必须使用正确的输入端、功能、量程来进行测量。不能预测测量信号的大小范围时,应将量程开关置于最大量程位置,再逐步切换到小量程。如显示屏显示"1",表明已超出量程范围,须将量程开关拨至相应挡位。模拟式万用表选择指针摆动在满刻度的 1/3 以上的量程使用。

(5)输入值切勿超过每个量程所规定的输入极限值,以防损坏仪表。

(6)当仪表已连接到被测线路时,切勿触摸没有使用的输入端。

(7)当被测直流电压超过 60 V,交流电压超过 30 V 时,请小心操作以防电击。

(8)用表笔测量时,应将手指放在表笔的护环后面;先将黑表笔连接到被测电路的公共端,然后将红表笔连接到被测电路的测试端;结束测量时,应先移开红表笔,然后移开黑表笔。

(9)转换量程之前,必须保证表笔没有连接到被测电路上。

(10)在进行电阻、二极管、电容测量或通断测试前,必须先切断被测电路电源,并将被测电路里所有的高压电容器放电。

(11)测量电流时,把仪表连接到被测电路之前,应先将被测电路的电源关闭。

(12)仪表外壳被拆下时,切勿使用仪表。

(13)仪表在电磁干扰比较大的设备附近使用时,仪表的读数会变得不稳定,可能会产生较大的误差。

(二)使用方法举例

1.测量交、直流电压

(1)将旋转开关旋至合适挡位。

(2)将黑表笔插入"COM"插孔,红表笔插入"V"插孔。

(3)用表笔另两端跨接在被测电路上(与待测电路并联),由显示屏读取测量电压值。在测量直流电压时,显示器会同时显示红表笔所连接的电压极性。

2.测量交、直流电流

(1)切断被测电路的电源。将被测电路上的全部高压电容放电。

(2)将旋转开关旋至合适挡位。

(3)将黑表笔插入"COM"插孔。如被测电流小于 200 mA,将红表笔插入"mA"插孔;如被测电流为 200 mA~10A,将红表笔插入"10 A"插孔。

(4)断开待测电路,把黑表笔连接到断开的被测电路电压比较低的一端,把红表笔连接到断开的被测电路电压比较高的另一端(把表笔反过来连接会使读数变为负数,但不会损坏仪表)。

(5)合上电路的电源,然后读出显示的读数。如果显示屏只显示"1",表示输入超过所选量程,旋转开关应置于更高量程。

(6)完成所有的测量操作后,先切断被测电路的电源,再断开表笔与被测电路的连接。这点对大电流的测量更为重要。

3.测量电阻

(1)将旋转开关旋至合适挡位。

(2)将黑表笔插入"COM"插孔,红表笔插入"Ω"插孔。

(3)用表笔的另两端测量待测电路的电阻值,由显示屏读取测量电阻值。

注意:如果电阻值超过所选的量程值,则显示屏会显示"1",这时应将开关旋至合适挡位。当测量电阻值超过 1 MΩ 以上时,读数需几秒时间才能稳定,这在测量高电阻时是正常的。当测量低电阻时,为了测量准确,应先短路两表笔读出表笔短路时的电阻值,在测量被测电阻后需减去该电阻值。绝对禁止在电阻量程输入电压,虽然仪表在该挡位上有电压防护功能!

4.电路通断测试

(1)将旋转开关旋至蜂鸣挡位,分别把黑表笔和红表笔插入"COM"插孔和"Ω"插孔。

(2)用表笔的另两端测量被测电路的电阻。在通断测试时,如果被测电路电阻不大于 30 Ω,蜂鸣器发出连续响声。

注意:检查电路通断时,在测量前必须先将被测电路内所有电源关断,并将所有电容器放尽残余电荷。

5.测量电容

(1)将旋转开关旋至电容挡位,被测电容插入电容测试插座。

(2)将红表笔插入电容输入孔,黑表笔插入"COM"插孔(也可使用专用多功能测试座测量电容)。

(3)用表笔的另两端测量待测电容的电容值,并从显示屏上读取测量值。

注意:大于 100 μF 电容的测量,需要较长的测量时间。测试前必须将电容全部放尽残余电荷后再输入仪表进行测量,对带有高压的电容尤为重要,避免损坏仪表和伤害人身安全。在完成测量操作后,断开表笔与被测电容的连接。

6.测试二极管

(1)将黑表笔插入"COM"插孔,红表笔插入"Ω"插孔。

(2)将旋转开关旋至"二极管"挡,分别把黑表笔和红表笔连接到被测二极管的负极和正极。

(3)从显示屏上直接读取被测二极管的近似正向 PN 结结电压值。对硅 PN 结而言,一般 0.5～0.8 V 确认为正常值。

注意:如果被测二极管开路或极性反接,则显示屏显示"1"。当测量在线二极管时,在测量前必须先将被测电路内所有电源关断。

二、数字存储示波器

数字存储示波器是以数字编码的形式来储存、处理信号的。被测信号进入数字存储示波器,到达显示电路之前,数字存储示波器将按一定的时间间隔对信号电压进行采样,然后经模数转换(ADC)电路对这些瞬时值或采样值进行变换,产生代表每一个采样电压的二进制数码,并将获得的二进制数码储存在存储器中,再经处理后,由数模转换(DAC)电路将二进制数码转换成电压,送入显示电路显示出波形来。

数字存储示波器在研究低重复率的现象或者完全不重复的现象时具有特别宝贵的价值。例如在测量一个电系统的冲击电流、破坏性实验中只能进行一次测量等场合,数字存储示波器由于可以对波形进行数字化处理,因此在采集分析波形细节方面是首屈一指的。数字存储示波器具有波形触发、采集、存储、显示、波形数据分析处理等独特优点。

(一)TDS2000B 系列数字存储示波器

TDS2000B 系列数字存储示波器(见图 1-4-2)是小型、轻便的台式示波器,具有 2 通道、带宽 60 MHz、采样速率 1.0 GS/s,是彩色显示器。示波器精确表示信号的能力受探头带宽、示波器带宽和采样速率的限制。

示波器显示电压相对于时间的图形。

一般功能包括自动设置、自动量程、探头检查向导、设置和波形存储、光标带有读数、波形平均和峰值检测、数学快速傅立叶变换(FFT)、变量持续显示、外部触发、自动测量等。

探头有不同的衰减系数,影响信号的垂直刻度。示波器的衰减系数要与探头匹配。

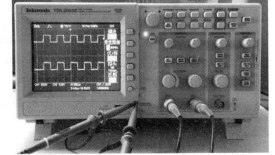

图 1-4-2 示波器

(二)基本操作

前面板被分成几个易于操作的功能区,包括显示区域、使用菜单系统、垂直控制、水平控制、触发控制、菜单和控制按钮、输入连接器、USB 闪存驱动器端口等。

1.显示区域

除显示波形,显示屏上还含有很多关于波形和示波器控制设置的详细信息。

在显示区域可以读到的信息有:获取方式、触发状态、水平触发位置、触发电平标记、显示波形的地线基准点、通道的垂直刻度系数、主时基设置、触发源、触发类型、触发频率等。

2.使用菜单系统

按下"前面板"按钮,示波器将在显示屏的右侧显示相应的菜单。该菜单显示直接按下显示屏右侧未标记的选项按钮时可用的选项。

示波器使用下列几种方法显示菜单选项:

页(子菜单)选择:如按下触发菜单中的"顶部"按钮,示波器会循环显示边沿、视频和脉冲触发子菜单。

循环列表:每次按下选项按钮时,示波器都会将参数设定为不同的值。如按下"CH1"按钮,然后按下顶端的选项按钮,可在垂直(通道)耦合各选项间切换。

单选钮:如按下"采集"按钮,示波器会显示不同的获取方式选项。要选择某个选项,可按下相应的按钮。

3.垂直控制

位置 CH1、CH2:可垂直定位波形。

CH1、CH2 菜单:显示垂直菜单选项并打开或关闭对通道的波形显示。

伏/格(CH1、CH2):选择垂直刻度系数。

数学菜单(MATH MENU):显示波形数学运算菜单,并打开或关闭对数学波形的显示。

可以更改某个波形的垂直比例。显示的波形将基于接地参考电平进行缩放。

4.水平控制

位置:调整所有通道波形和数学波形的水平位置。要对水平位置进行大幅度调整,可将"秒/格"旋钮旋转到较大数值,更改水平位置,再将此旋钮旋转到原来的数值。改变波形的水平位置时,实际上改变的是触发和显示屏中心之间的时间。

水平菜单(HORIZ MENU):显示水平菜单。

秒/格:为主时基或视窗时基选择水平的时间/格(刻度系数)。

5.触发控制

电平:使用边沿触发或脉冲触发时,电平旋钮设置采集波形时信号所必须越过的幅值电平。

触发菜单(TRIG MENU):显示触发菜单。

设为 50%:触发电平设置为触发信号峰值的垂直中点。

强制触发:不管触发信号是否适当,都完成采集。如采集已停止,则该按钮不产生影响。

触发视图(TRIG VIEW):按下"触发视图"按钮时,显示触发波形而不是通道波形。可用此按钮查看诸如触发耦合之类的触发设置对触发信号的影响。

触发将确定示波器开始采集数据和显示波形的时间。正确设置触发后,示波器就能将不稳定的显示结果或空白显示屏转换为有意义的波形。在示波器未检测到触发条件时,可选择自动或正常触发模式来定义示波器捕获数据的方式。

6.菜单和控制按钮

菜单和控制按钮包括多用途旋钮、自动量程、保存/调出(SAVE/RECALL)、测量(MEASURE)、采集(ACQUIRE)、参考波形(REF MENU)、辅助功能(UTILITY)、光标(CURSOR)、自动设置、单次序列(SINGLE SEQ)、运行/停止、保存等按钮。

多用途旋钮:通过显示的菜单或选定的菜单选项来确定功能。激活时,相邻的 LED 灯变亮。

7.输入连接器

CH1 和 CH2 用于显示波形的输入连接器。

外部触发(EXT TRIG):外部触发信源的输入连接器。使用触发菜单选择 EXT 或 EXT/5 触发信源。按下"触发视图"按钮来查看诸如触发耦合之类的触发设置对触发信号的影响。

注意:正确连接并正确断开连接。在探头连接到被测电路之前,先将探头输出端连接到测量仪器。在连接探头输入端之前,先将探头基准导线与被测电路连接。将探头与测量仪器断开之前,先将探头输入端及探头基准导线与被测电路断开。

8.USB 闪存驱动器端口

插入 USB 闪存驱动器以存储数据或检索数据。

(三)功能检查

功能检查用来验证示波器是否正常工作。

(1)打开示波器电源,按下"默认设置"(DEFAULT SETUP)按钮,探头选项默认的衰减设置为"10×"。

(2)在探头上将开关设定为"10×"并将探头连接到示波器的通道 1 或 2 上。将探头端部和基准导线连接到探头补偿终端上。

(3)按下"自动设置"按钮。在数秒钟内,应当看到频率为 1 kHz、电压为 5 V 峰—峰值的方波。

(4)检查所显示方波波形的形状,如果有过补偿或补偿不足的现象,可以手动调整探头进行补偿。

自校正程序可以以最大测量精度优化示波器信号路径。校正前断开所有探头,打开示波器电源预热 20 min,然后访问辅助功能(UTILITY)的自校正选项。

(四)应用实例

以下应用实例重点说明示波器的主要功能。

1.简单测量

(1)刻度测量:使用刻度测量方法能快速、直观地做出估计。可通过计算相关的大、小刻度分度并乘以比例系数来进行简单测量。例如,如果计算出在波形的最大值和最小值之间有五个主垂直刻度分度,并且已知比例系数为 100 mV/格,则可计算出峰—峰值电压为 500 mV。

（2）使用自动设置：当需要查看电路中的某个信号，但又不了解该信号的幅值或频率。使用自动设置可以快速显示该信号，并测量其频率、周期和峰—峰值幅度。步骤如下（以使用 CH1 为例）：

①按下"CH1"菜单按钮。

②按下"探头"→"电压"→"衰减"→"10×"（使用电流探头时按下"探头"→"电流"→"衰减"→"比例"）。

③将探头上的开关设定为"10×"。

④将 CH1 的探头端部与信号连接，将基准导线连接到电路基准点。

⑤按下"自动设置"按钮。

⑥示波器自动设置垂直、水平和触发控制。如果要优化波形的显示，可手动调整上述控制。

（3）自动测量：示波器可自动测量多数显示的信号。如果值读数中显示问号（?），则表明信号在测量范围之外。请将"伏/格"旋钮调整到适当的通道以减少灵敏度或更改秒/格设置。可以调整波形的比例和位置来更改显示的波形。改变比例时，波形显示的尺寸会增加或减小。改变位置时，波形会向上、向下、向右或向左移动。

要测量信号的频率、周期、峰—峰值幅度、上升时间以及正频宽，按以下步骤操作：

①按下测量（MEASURE）按钮，查看测量菜单。

②按下"类型"→"频率"，读数将显示频率测量结果及更新信息。

③按下"类型"→"周期"，读数将显示周期测量结果及更新信息。

④按下"类型"→"峰—峰值"，读数将显示峰—峰值测量结果及更新信息。

⑤按下"类型"→"上升时间"，读数将显示上升时间测量结果及更新信息。

⑥按下"类型"→"正频宽"，读数将显示正频宽测量结果及更新信息。

2.光标测量

使用光标可快速对波形进行时间和振幅测量。幅度光标在显示屏上以水平线出现，可测量垂直参数。"幅度"是参照基准电平而言的。时间光标在显示屏上以垂直线出现，可测量水平参数和垂直参数。"时间"是参照触发点而言的。时间光标还包括在波形和光标的交叉点处的波形幅度的读数。

要测量某个方波脉冲波形的脉冲宽度和幅值，执行以下步骤：

①按下"光标"按钮，查看光标菜单。

②按下"类型"→"时间"。

③按下"信源"→"CH1"。

④按下"光标 1"按钮。

⑤旋转多用途旋钮，将光标 1 置于脉冲的上升沿。

⑥按下"光标 2"按钮。

⑦旋转多用途旋钮，将光标 2 置于脉冲的下降沿。

在光标菜单中查看表示脉冲宽度测量结果的时间增量（Δt）。

⑧按下"类型"→"幅度"。

⑨按下"光标 1"按钮。

⑩旋转多用途旋钮,将光标 1 置于脉冲的幅值最大值位置。

⑪按下"光标 2"按钮。

⑫旋转多用途旋钮,将光标 2 置于脉冲的幅值最小值位置。

在光标菜单中查看脉冲的幅值增量(ΔV)。

3.捕获单脉冲信号

以测试继电器打开时簧片触点有无拉弧现象为例。打开、关闭继电器的最快速度是每分钟一次,所以需要将通过继电器的电压作为一次单触发信号来采集。要设置示波器以采集单次信号,按以下步骤操作:

①将垂直的"伏/格"和水平的"秒/格"旋钮旋转到适当位置,以便于查看信号。

②按下"采集"按钮,查看采集菜单。

③按下"峰值检测"选项按钮。

④按下"触发菜单"按钮,查看触发菜单。

⑤按下"斜率"→"上升"。

⑥旋转电平旋钮,将触发电平调整为继电器打开和关闭电压之间的中间电压。

⑦按下"单次序列"按钮开始采集。

⑧继电器打开时,示波器触发并采集事件。

除以上常用功能,示波器还可以分析信号的详细信息、测量传播延迟、触发脉冲宽度、触发视频信号、使用数学函数分析差分通信信号、使用 XY 模式和余辉模式查看网络的阻抗变化等(详情请参照示波器用户手册)。

第二章　电力电子技术及应用实验

第一节　晶闸管相控整流电路实验

整流电路是一种 AC-DC 变换电路,作用是将交流电能变换成直流电能供给直流用电设备。整流电路形式繁多,主要分类方法有:按照整流器件,可分为全控整流、半控整流和不控整流;按照电路结构,可分为桥式电路和零式电路;按照控制方式,可分为相控整流和 PWM 整流两种,相控整流采用晶闸管,PWM 整流采用全控型器件作为主要功率开关器件;按照整流输出波形和输入波形的关系,可分为半波整流和全波整流;按输入交流相数,可分为单相、多相电路等。

通过对晶闸管触发相位的控制来控制输出直流电压的电路称为"相控整流电路"。相控整流电路是一种应用广泛的整流电路,如用于直流电动机调速、同步发电机的励磁调节等。相控整流电路由交流电源、整流电路、负载及触发控制电路组成。整流电路包括电力电子变换电路、滤波器和保护电路等;负载是各种工业设备,在研究和分析整流电路的工作原理时,负载可以等效为电阻负载、电感负载、电容负载和反电动势负载等;触发控制电路包括功率器件的触发、驱动电路和控制电路等。

将直流电变成交流电的电路称为"逆变电路"。逆变电路可分为有源逆变电路和无源逆变电路。当逆变电路的交流侧和电网连接时,这种逆变电路称为"有源逆变电路"。

本节研究最常用的几种整流电路实验项目,包括单相半波可控整流电路实验、单相桥式全控整流及有源逆变电路实验、三相半波可控整流电路实验、三相桥式全控整流及有源逆变电路实验。实验过程中要注意理论与实际的差别,并分析造成这些差别的原因。

实验一　单相半波可控整流电路实验

一、实验目的

(1)掌握单结晶体管触发电路的调试步骤和方法。

（2）掌握单相半波可控整流电路在电阻负载及阻感负载时的工作情况。

（3）了解续流二极管的作用。

二、实验内容

（1）单结晶体管触发电路的调试。

（2）观察并记录单结晶体管触发电路各观测点的电压波形。

（3）单相半波整流电路带电阻负载时 $\dfrac{U_d}{U_2}=f(\alpha)$ 特性的测定。

（4）观察单相半波整流电路带阻感负载时续流二极管的作用。

三、原理说明

单相半波可控整流电路原理图如图 2-1-1 所示，整流电路输入侧电源接实验台三相电源任意两相，电源电压有效值由 U_2 表示。整流电路输出直流平均电压由 U_d 表示。

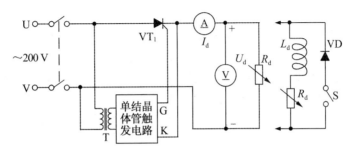

图 2-1-1　单相半波可控整流电路原理图

在电源正半周，晶闸管 VT_1 承受正向电压，具备导通条件，此时在晶闸管门极与阴极之间施加正向触发脉冲，晶闸管立即导通，当电源电压降至零时，晶闸管关断；在电源电压负半周内，晶闸管承受反向电压不能导通，直至下一周期电源正半周，重加触发脉冲，晶闸管再次导通，如此重复上述过程。

从晶闸管开始承受正向电压算起，到触发脉冲到来时刻为止，这段时间的电角度 α 称为"控制角"，又称"移相角"。从晶闸管开始导通到关断之间的角度称为"导通角 θ"，$\theta=\pi-\alpha$。

晶闸管关断时，电路中无电流，负载两端电压为零；晶闸管导通时，直流输出电压瞬时值与电源电压瞬时值相等。改变触发时刻即改变控制角 α，直流输出电压 u_d 为极性不变但瞬时值变化的脉动直流。当 α 增大时，U_d 随之减小，$\alpha=180°$ 时，$U_d=0$，所以控制角 α 的移相范围为 $0°\sim180°$。

单相半波可控整流电路输出直流电压平均值为：

$$U_d=0.45\,U_2\frac{1+\cos\alpha}{2}$$

单相半波可控整流电路接阻感负载时，由于电感的储能作用，使晶闸管关断时刻比电阻负载向后延迟，电感越大，导通角 θ 越大，负载电压 u_d 的负值部分所占比例越大，因而使输出直流电压的平均值下降。在阻感负载两端并联续流二极管,可解决输出电压平均值减小或接近于零的问题。

单结晶体管触发电路的工作原理参见附录。在图 2-1-1 中,将单结晶体管触发电路的输出端 G 和 K 接到晶闸管主电路面板上的反桥中的任意一个晶闸管的门极和阴极,并将相应的触发脉冲的钮子开关关闭(防止误触发),图中的 R_d 负载用两个 900 Ω 电阻接成并联形式。电感 L_d 选 700 mH。

四、实验设备

(1)电源控制屏 DZ01:包括三相电源输出、励磁电源等单元。

(2)晶闸管主电路(见附录一 DJK02):包括晶闸管主电路、电感等单元。

(3)晶闸管触发电路(见附录一 DJK03-1):包括单结晶体管触发电路等单元。

(4)给定直流电源(见附录一 DJK06):包括 ±15 V 可调直流电源、二极管等单元。

(5)D42 三相可调电阻。

(6)示波器、万用表。

五、注意事项

(1)实验中,触发脉冲从外部接入晶闸管的门极和阴极,此时,应将所用晶闸管对应的触发脉冲开关拨至"断"的位置,避免误触发。

(2)在主电路未接通时,首先要调试触发电路,只有触发电路工作正常后,才可以接通主电路。

(3)在接通主电路前,必须先将控制电压 U_c 调到零,将负载电阻调到最大阻值处;接通主电路后,才可逐渐加大控制电压 U_c,避免过流。

(4)由于晶闸管持续工作时,需要有一定的维持电流,故要使晶闸管主电路可靠工作,其通过的电流不能太小,否则可能会造成晶闸管时断时续,工作不可靠。在本实验装置中,要保证晶闸管正常工作,负载电流必须在 50 mA 以上。

(5)在实验中要注意同步电压与触发相位的关系。例如在单结晶体管触发电路中,触发脉冲产生的位置是在同步电压的上半周,而在锯齿波触发电路中,触发脉冲产生的位置是在同步电压的下半周,所以在主电路接线时应充分考虑到这个问题,否则实验就无法顺利完成。

(6)使用电抗器时要注意其通过的电流不要超过 1 A,保证线性。

六、实验方法

(1)单结晶体管触发电路的调试。打开电源控制屏 DZ01 的电源总开关,按下"启动"按钮,调节变压器调压旋钮,使三相调压输出线电压为 200 V,单结晶体管触发电路挂件的"外接 220 V"端接电源线电压,打开触发电路挂件 DJK03-1 电源开关,用示波器观察单结晶体管触发电路中整流输出的梯形波电压("2"点)波形;调节移相电位器 RP$_1$,观察"4"点锯齿波的周期变化及"5"点的触发脉冲波形,最后观测输出的"G、K"触发电压波形并测试其能否在 30°～170° 范围内移动。

（2）单相半波可控整流电路接电阻负载。触发电路调试正常后,按图 2-1-1 接线,将负载电阻（两个 900 Ω 并联）调节到最大阻值位置,按下电源控制屏上的"启动"按钮,调节电位器 RP_1,用示波器观察 α 从 150° 向 30° 变化时负载电压的波形和晶闸管 VT_1 两端的电压波形,记录 $\alpha=30°,60°,90°,120°,150°$ 时输出电压平均值 U_d 和电源电压有效值 U_2 的数值于表 2-1-1 中。

表 2-1-1

α	30°	60°	90°	120°	150°
U_2					
U_d（记录值）					
$\dfrac{U_d}{U_2}$					
U_d（计算值）					

（3）单相半波可控整流电路接阻感负载。将负载改成阻感负载（由电阻 R_d 与平波电抗器 L_d 串联而成）,暂不接续流二极管 VD,在不同阻抗角（负载阻抗角 $\varphi=\arctan\dfrac{\omega L_d}{R_d}$,保持电感量不变,改变 R_d 的电阻值,注意电流 I_d 不要超过 1 A）情况下,观察 $\alpha=30°,60°,90°,120°$ 时 u_d、u_{VT_1} 的波形,记录输出电压平均值 U_d、电源电压有效值 U_2 的数值于表 2-1-2 中（自拟表格记录几组数值）。

表 2-1-2 ($R_d=$)

α	30°	60°	90°	120°	150°
U_2					
U_d（记录值）					
$\dfrac{U_d}{U_2}$					
U_d（计算值）					

（4）合上开关 S,接入续流二极管 VD,重复上述实验,观察续流二极管的作用以及 u_{VD} 波形的变化。实验结果记录于表 2-1-3 中。

表 2-1-3

α	30°	60°	90°	120°	150°
U_2					
U_d（记录值）					
$\dfrac{U_d}{U_2}$					
U_d（计算值）					

七、实验报告要求

(1)画出 $\alpha = 90°$ 时,电阻负载和阻感负载的 u_d、u_{VT_1} 波形。

(2)分别绘制电阻负载、阻感负载时的 $\dfrac{U_d}{U_2}$——α 曲线。

(3)分析实验结果,讨论续流二极管的作用。

实验二　单相桥式全控整流及有源逆变电路实验

一、实验目的

(1)加深理解单相桥式全控整流及有源逆变电路的工作原理。
(2)研究单相桥式变流电路整流和逆变的全过程,掌握实现有源逆变的条件。
(3)掌握产生逆变颠覆的原因及预防方法。

二、实验内容

(1)单相桥式全控整流电路带阻感负载。
(2)单相桥式有源逆变电路带阻感负载。
(3)观察有源逆变电路的逆变颠覆现象。

三、原理说明

单相半波可控整流电路结构简单,但输出电流脉动大,电源变压器二次侧绕组中有直流分量通过,造成铁芯的直流磁化。所以,一般小功率整流装置多采用单相桥式可控整流电路。

图 2-1-2 为单相桥式全控整流电路带阻感负载原理图,晶闸管 VT_1 和 VT_4 组成一对桥臂,VT_2 和 VT_3 组成另一对桥臂。

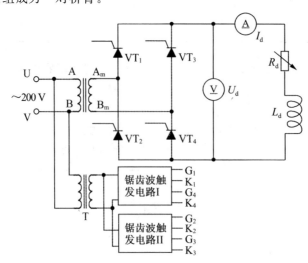

图 2-1-2　单相桥式全控整流电路带阻感负载原理图

带电阻负载时,在交流电源的正、负半周都有整流输出电流流过负载。在电源电压一个周期内,整流电压波形脉动 2 次,是全波整流电路。在电源变压器二次绕组中,正、负两个半周电流方向相反且波形对称,平均值为零,即直流分量为零,不存在变压器直流磁化问题。带电阻负载时,α 角的移相范围为 $0°\sim180°$。输出直流电压平均值为:

$$U_{\mathrm{d}}=0.9\,U_2\frac{1+\cos\alpha}{2}$$

式中:U_2 是整流桥输入侧电源电压有效值,下同。

带阻感负载时,由于电感的储能作用,整流电路输出电压 u_d 的波形出现负值部分。当电感量较大时,负载电流连续且脉动分量很小,其波形近似为一条直线,晶闸管导通角 $\theta=180°$,α 角的移相范围为 $0°\sim90°$,输出直流电压平均值为:

$$U_{\mathrm{d}}=0.9\,U_2\cos\alpha$$

图 2-1-2 中,负载 R_d 用 D42 挂件上的两个 900 Ω 可调电阻接成并联形式,L_d 用 DJK02 面板上的 700 mH 电感,直流电压表、电流表均在 DJK02 面板上。触发电路用 DJK03-1 挂件上的锯齿波同步移相触发电路Ⅰ和Ⅱ。

图 2-1-3 为单相桥式有源逆变电路原理图,三相电源经三相不控整流,得到一个上负下正的直流电压,与整流电路负载串联,此电压的数值大于整流电路输出的最大电压;当触发角大于 90°时,整流电路输出电压也是上负下正,满足逆变条件,此时逆变桥路逆变出的交流电压经升压变压器反馈回电网,电能从负载侧送至电源侧。芯式变压器在此作为升压变压器用,从晶闸管逆变出的电压接芯式变压器的中压端 A_m、B_m,返回电网的电压从其高压端 A、B 输出。为了避免输出的逆变电压过高而损坏芯式变压器,故先将三相芯式变压器接成 Y/Y 接法,然后再按照图 2-1-3 选用变压器 A、B 两相高压绕组接电源,A_m、B_m 中压绕组接主电路。图中的电阻 R_d、电抗 L_d 和触发电路与整流电路相同。

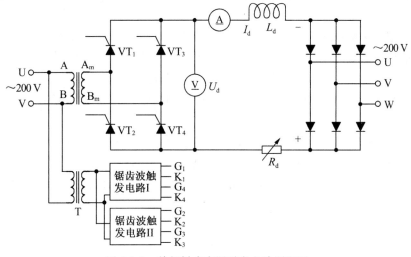

图 2-1-3 单相桥式有源逆变电路原理图

有关实现有源逆变的必要条件等内容可参见电力电子技术教材的有关内容。

四、实验设备

(1)电源控制屏 DZ01:包括三相电源输出、励磁电源等单元。

(2)晶闸管主电路(见附录—DJK02):包括晶闸管主电路、电感等单元。

(3)晶闸管触发电路(见附录—DJK03-1):包括锯齿波同步触发电路等单元。

(4)给定直流电源(见附录—DJK06):包括±5 V 可调直流电源等单元。

(5)变压器(见附录—DJK10):包括逆变变压器、三相不控整流等单元。

(6)D42 三相可调电阻。

(7)示波器、万用表。

五、注意事项

(1)在本实验中,触发脉冲从外部接入晶闸管的门极和阴极,此时应将所用晶闸管对应的正桥触发脉冲或反桥触发脉冲的开关拨至"断"的位置,并将正、反桥驱动电路的 U_{lf} 及 U_{lr} 悬空,避免误触发。

(2)为了保证从逆变到整流不发生过流,其回路的电阻 R_d 应取比较大的值,但也要考虑到晶闸管的维持电流,保证可靠导通。

六、实验方法

(一)触发电路的调试

打开电源控制屏 DZ01 的电源总开关,按下"启动"按钮,调节变压器调压旋钮,使三相调压输出线电压为 200 V。触发电路挂件的"外接220 V"端接电源线电压,按下"启动"按钮,打开触发电路挂件 DJK03-1 电源开关,用示波器观察锯齿波同步触发电路各观测孔的电压波形。

(1)观测同步电压和"1"点的电压波形,了解"1"点波形形成的原因。

(2)观测"1""2"点的电压波形,了解锯齿波宽度和"1"点电压波形的关系。

(3)调节电位器 RP_1,观测"2"点锯齿波斜率的变化。

(4)观测"3"~"6"点的电压波形和输出电压波形,比较"3"点电压和"6"点电压的对应关系。

(5)将控制电压 U_c 调至零(将电位器 RP_2 逆时针旋到底),观察同步电压信号和"6"点 U_6 的波形,调节偏移电压 U_b(即调电位器 RP_3),使 $\alpha=170°$。

(6)将锯齿波触发电路的输出脉冲接至全控桥中对应晶闸管的门极和阴极。将正桥和反桥触发脉冲开关都拨至"断"的位置,并使正、反桥驱动电路的 U_{lf} 及 U_{lr} 悬空,确保晶闸管不被误触发。

(二)单相桥式全控整流电路带电阻负载

按图 2-1-2 接线,将电阻器放在最大阻值处,按下"启动"按钮,保持 U_b 偏移电压不变(即 RP_3 固定),逐渐增加 U_c(调节 RP_2),在 $\alpha=30°,60°,90°,120°$ 时,用示波器观察整流电压 u_d 和晶闸管两端电压 u_{VT} 的波形,记录电源电压有效值 U_2 和负载电压平均值 U_d 的数值于表2-1-4中。

表 2-1-4

α	30°	60°	90°	120°
U_2				
U_d(记录值)				
U_d(计算值)				

（三）单相桥式有源逆变电路实验

按图 2-1-3 接线,将电阻器放在最大阻值处,按下"启动"按钮,保持偏移电压 U_b 不变（即 RP_3 固定）,逐渐增加 U_c（调节 RP_2）,在 $\beta = 30°,60°,90°$ 时,观察逆变电流 i_d 和晶闸管两端电压 u_{VT} 的波形,记录电源电压有效值 U_2 和负载电压平均值 U_d 的数值于表2-1-5中。

表 2-1-5

β	30°	60°	90°
U_2			
U_d(记录值)			
U_d(计算值)			

（四）逆变颠覆现象的观察

调节 U_c 使 $\alpha = 150°$,观察 U_d 波形。突然关断触发脉冲,用示波器观察逆变颠覆现象,记录逆变颠覆时的 U_d 波形。

七、实验报告要求

(1)画出 $\alpha = 30°,60°,90°,120°$ 时,u_d 和 u_{VT} 的波形。

(2)画出电路的移相特性 $U_d = f(\alpha)$ 曲线。

(3)分析逆变颠覆的原因及逆变颠覆后会产生的后果。

(4)简述实现有源逆变的条件,以及本实验是如何保证满足这些条件的。

实验三 三相半波可控整流电路实验

一、实验目的

(1)了解三相半波可控整流电路的工作原理。

(2)掌握可控整流电路在电阻负载和阻感负载时的工作情况。

二、实验内容

(1)研究三相半波可控整流电路带电阻负载时的工作情况。
(2)研究三相半波可控整流电路带阻感负载时的工作情况。

三、原理说明

单相可控整流电路线路简单,调整方便,但脉动较大,网侧功率因数低,只适合小功率场合。而三相可控整流电路克服了单相电路的诸多缺点,其输出电压高,脉动小,网侧功率因数高,有利于三相电网平衡。三相半波可控整流电路原理图如图 2-1-4 所示。

三相半波可控整流电路又称为"三相零式可控整流电路"。它将三个晶闸管 VT_1、VT_3、VT_5 的阳极分别接入三相电源,阴极连接在一起,负载接在共阴极点和电源中性点 N 之间,构成三相半波可控整流电路主电路。三个晶闸管的触发脉冲相位互差 120°。

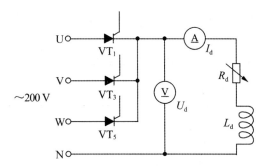

图 2-1-4 三相半波可控整流电路原理图

在三相半波整流电路中,自然换相点是各相晶闸管能触发导通的最早时刻,因此移相控制角 α 是从不控整流电路的自然换相点算起,即在自然换相点时刻,$\alpha = 0°$。

(一)三相半波可控整流电路带电阻负载

当 $\alpha \leqslant 30°$ 时,负载电流连续,整流电路输出电压平均值为:

$$U_d = 1.17 U_2 \cos\alpha$$

式中:U_2 是三相半波可控整流电路输入侧交流电源相电压的有效值,下同。

当 $\alpha > 30°$ 时,负载电流断续,整流电路输出电压平均值为:

$$U_d = 0.675 U_2 \left[1 + \cos\left(\frac{\pi}{6} + \alpha \right) \right]$$

电阻负载整流输出电流平均值为:

$$I_d = \frac{U_d}{R}$$

带电阻负载时,α 角的移相范围为 0°~150°。

(二)三相半波可控整流电路带阻感负载

在电感值很大时,由于电感感应电动势的作用:当 $\alpha > 30°$ 时,在电源相电压过零后,仍能使晶闸管继续承受正压维持导通,整流输出电流仍为正,而输出电压出现负值部分。当 $\alpha = 90°$ 时,输出电压波形正、负面积相等,平均值为零,故 α 角的移相范围为 0°~90°。

阻感负载整流输出电压平均值为:

$$U_d = 1.17 U_2 \cos\alpha$$

四、实验设备

(1)电源控制屏 DZ01:包括三相电源输出、励磁电源等单元。

(2)晶闸管主电路(见附录一 DJK02):包括晶闸管主电路、电感等单元。

(3)三相晶闸管触发电路(见附录一 DJK02-1):包括触发电路、正反桥功放等单元。

(4)给定直流电源(见附录一 DJK06):包括±15 V 可调直流电源等单元。

(5)D42 三相可调电阻:包括三组两个 900 Ω 可调电阻。

(6)示波器、万用表。

五、注意事项

(1)实验前检查三相电源相序是否为正序,如果不是,可调换实验台外接三相电源任意两相。

(2)整流电路的负载电阻不宜过小,应使 I_d 不超过 2 A,同时负载电阻不宜过大,保证 I_d 大于 0.1 A,以保证晶闸管可靠导通。

(3)主电路和控制电路的波形要分别观测。示波器两个探头的基准线不能接在非等电位点上,否则会发生短路事故。

六、实验方法

(一)调试触发电路

(1)打开电源总开关,将 DZ01 面板上的"电压指示切换"钮子开关拨到"三相电网输入"侧,观察三块指针式电压表。电压表显示输入的三相电网电压是否平衡。

(2)将"电压指示切换"钮子开关拨到"三相调压输出"侧,按下"启动"按钮,调节电源变压器,观察三块指针式电压表,使得电源输出线电压为 200 V。

(3)用 10 芯的扁平电缆,将晶闸管主电路 DJK02 上的"三相同步信号输出"端和三相晶闸管触发电路 DJK02-1 上的"三相同步信号输入"端相连,打开 DJK02-1 电源开关,拨动"触发脉冲指示"钮子开关,使"窄"的发光管亮。

(4)将 DJK06(或 DJK04)挂箱上的给定电压 U_g 与 DJK02-1 上的移相控制电压 U_c 相接,给定开关 S_2 拨至接地位置(即 $U_c=0$),调节偏移电压 U_b,用双踪示波器观察 U 相同步电压信号和 1 号脉冲观察孔的输出波形,使 $\alpha=150°$(注意此处的 α 表示三相晶闸管电路中的移相角,它的 0° 是从自然换流点开始计算的,如果从同步信号过零点开始计算,$\alpha=180°$)。

(5)适当增加给定电压 U_g 的正电压输出,观测触发脉冲的移相情况。

(6)将 DJK02-1 控制电路面板上的 U_{lf} 端接地。

(7)用 20 芯的扁平电缆,将 DJK02-1 控制电路面板上的"正桥触发脉冲输出"端和晶闸管主电路 DJK02 上的"正桥触发脉冲输入"端相连,并将晶闸管主电路 DJK02 上的正桥触发脉冲的 6 个开关拨至"通"。

(二)研究三相半波可控整流电路带电阻负载时的工作情况

主电路按图 2-1-4 接线,图中晶闸管用正桥组的 3 个共阴极晶闸管,电阻 R_d 由 D42

挂箱上的两个 900 Ω 电阻并联而成。

将电阻 R_d 放在最大阻值处，合上主电源（按下"启动"按钮），从零开始调节 DJK06 上的"给定"电位器，慢慢增加给定电压，使 α 能在 0°到 150°范围内调节，用示波器观察并记录三相电路中 $\alpha = 0°, 30°, 60°, 90°, 120°, 150°$ 时整流输出电压 u_d 和晶闸管两端电压 u_{VT} 的波形，并记录电源相电压有效值 U_2、整流输出电压 U_d 及电流平均值 I_d 的数值于表 2-1-6 中。

表 2-1-6

α	0°	30°	60°	90°	120°	150°
U_2						
U_d						
I_d						
$\dfrac{U_d}{U_2}$（计算值）						

（三）研究三相半波整流电路带阻感负载时的工作情况

将 DJK02 挂箱上的 700 mH 电抗器和负载电阻 R_d 串联后接入主电路，可将原负载电阻调小，监视电流使之不超过 1.1 A。观察不同移相角 α 时 u_d、i_d、u_{VT} 的波形，并记录电源相电压有效值 U_2、整流输出电压 U_d、电流平均值 I_d 的数值于表 2-1-7 中。

表 2-1-7

α	0°	30°	60°	90°
U_2				
U_d				
I_d				
$\dfrac{U_d}{U_2}$（计算值）				

七、实验报告要求

(1)讨论如何确定三相触发脉冲的相序，思考主电路电源的三相相序能否任意设定。

(2)画出 $\alpha = 90°$ 时三相半波整流电路带电阻负载、阻感负载时的 u_d 及 i_d 波形图。

(3)画出三相半波可控整流电路的输入—输出特性：$\dfrac{U_d}{U_2} = f(\alpha)$。

(4)画出三相半波可控整流电路的负载特性：$U_d = f(I_d)$。

实验四 三相桥式全控整流及有源逆变电路实验

一、实验目的

(1)熟悉三相桥式全控整流及有源逆变电路的接线及工作原理。

(2)观察在电阻负载、阻感负载情况下电路的输出电压和电流波形。

(3)研究三相桥式全控整流电路转换到逆变状态的过程,验证有源逆变的条件。

二、实验内容

(1)三相桥式全控整流电路研究。

(2)三相桥式有源逆变电路研究。

(3)模拟逆变失败故障。

三、原理说明

图 2-1-5 和图 2-1-6 分别是三相桥式全控整流电路、三相桥式有源逆变电路原理图。图中主电路由三相全控整流电路和三相不控整流桥组成。

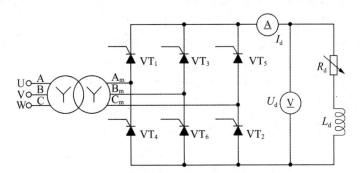

图 2-1-5 三相桥式全控整流电路原理图

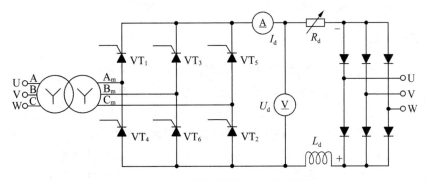

图 2-1-6 三相桥式有源逆变电路原理图

将芯式变压器接成 Y/Y 型,变压器高压端 A、B、C 接三相电源,变压器中压端 A_m、B_m、C_m 接主电路。调节三相电源线电压为 200 V。

三相桥式全控整流电路正常工作时,必须有两个晶闸管同时导通,一个属于共阴极组,一个属于共阳极组。为了使电路能启动工作或在电流断续时能再次导通,必须同时对两组中应导通的一对晶闸管加触发脉冲。因此,通常触发电路采用宽脉冲或双窄脉冲,这样就可以使电路在任何换相点都有相邻的两个晶闸管同时获得触发脉冲,保证主电路的 6 个晶闸管轮流导通,使主电路在任何时刻都能构成电流回路。

三相桥式全控整流电路带电阻负载,触发角 $\alpha \leqslant 60°$ 时,输出的整流电压 u_d 的波形均连续;$\alpha > 60°$ 时,u_d 的波形断续;α 角增大至 $120°$ 时,u_d 为零。因此,带电阻负载时三相桥式全控整流电路 α 角的移相范围是 $0° \sim 120°$。

三相桥式全控整流电路大多用于向电阻、电感负载和反电动势、电阻、电感负载供电(对直流电动机电枢供电)。

负载中有了电感,使得负载电流的波形变得平直,当电感足够大时,负载电流的波形近似为一条水平线。触发角 $\alpha \leqslant 60°$ 时,u_d 的波形连续,电路工作与电阻负载时相似;$\alpha > 60°$ 时,由于电感的作用,u_d 的波形出现负值,若电感足够大,$\alpha = 90°$ 时,u_d 平均值近似为零。因此,带阻感负载时,三相桥式全控整流电路的 α 角的移相范围为 $0° \sim 90°$。

在图 2-1-6 所示电路中,当触发角 $\alpha > 90°$ 时,实现有源逆变。由于逆变桥交流侧和电网连接,故该电路被称为"有源逆变电路"。对于可控整流电路,满足一定条件就可工作于有源逆变状态,电路形式不变。通常把 $\alpha > 90°$ 时的控制角用 $\beta = 180° - \alpha$ 表示,β 被称为"逆变角"。

对触发脉冲的要求:6 个晶闸管的脉冲按 $VT_1 \rightarrow VT_2 \rightarrow VT_3 \rightarrow VT_4 \rightarrow VT_5 \rightarrow VT_6$ 的顺序,相位依次差 $60°$;共阴极组 VT_1、VT_3、VT_5 的脉冲依次差 $120°$,共阳极组 VT_4、VT_6、VT_2 也依次差 $120°$;同一相的上下两个桥臂,即 VT_1 与 VT_4、VT_3 与 VT_6、VT_5 与 VT_2,脉冲相差 $180°$。

产生逆变的条件:有直流电动势,其极性需和晶闸管的导通方向一致,其值应大于变流器直流侧的平均电压;要求晶闸管的控制角 $\alpha > 90°$,使整流输出电压平均值 U_d 为负值;两者必须同时具备才能实现有源逆变。

四、实验设备

(1)电源控制屏 DZ01:包括三相电源输出、励磁电源等单元。

(2)晶闸管主电路(见附录一 DJK02):包括晶闸管主电路、电抗器等单元。

(3)三相晶闸管触发电路(见附录一 DJK02-1):包括触发电路、正反桥功放等单元。

(4)三相数字晶闸管触发电路实验(DJK02-3):包含触发电路、正反桥功放等单元。

(5)变压器(见附录一 DJK10):包括逆变变压器、三相不控整流等单元。

(6)给定直流电源(见附录一 DJK06):提供 ± 15 V 可调直流电源等单元。

(7)D42 三相可调电阻。

(8)示波器、万用表。

五、注意事项

（1）三相电源的相序应接正序。

（2）在接通主电路前，须先将控制电压 U_c 调到零，且将负载电阻调到最大阻值处。

（3）接通主电路后，逐渐加大控制电压 U_c，避免过流。

（4）在逆变实验中，为了防止过流，启动时先将 α 角调节到大于 $90°$，将负载电阻调至最大值。

（5）在逆变实验中，注意检查三相不控整流单元的输出电压极性是否正确。

（6）主电路与控制电路的电压波形不能同时观测。注意示波器的两个探头的接法，防止出现短路故障。

六、实验方法

（一）触发电路调试

方法一：

通过专用的十芯扁平线将 DJK02 上的"三相同步信号输出"端与 DJK02-3 上的"三相同步信号输入"端连接。

（1）打开 DJK02-3 挂箱电源开关，将面板上的"控制切换"开关拨向"数字"侧，相应的红色发光二极管点亮；"晶闸管触发角度显示"处的数显为"160.0"。

按住"减少"键不松开，2 s 后晶闸管触发角约以每秒 $5°$ 的速度减少。点动"减少"键，触发角减少 $0.1°$。长按或点动"增加"键，结果与操作"减少"键相反。

同时按住"增加"与"减少"键不松开，约 5 s 后显示开始闪烁。同时松开两个按键，进入初始角度设置状态。每点动一次"增加"或"减少"键，相应的初始角度增加或减少 $1°$。将初始角度设置为"$150°$"后，再同时按住"增加"与"减少"键不松开并保持 5 s 以上，显示停止闪烁，松开两个按键完成初始角设置。

（2）数字控制：通过按动"增加"或"减少"键调节触发角角度。

方法二：

触发电路调试方法与三相半波可控整流电路实验相同。

（二）三相桥式全控整流电路带电阻（或阻感）负载

按图 2-1-5 接线，负载接电阻（或阻感）负载。图中电阻 R_d 是选用负载组件上两组可调 900 Ω 电阻接成并联形式，电感 L_d 选用最大 700 mH 电感。调节电阻 R_d 为最大值，按下电源控制屏上的"启动"按钮，打开控制电路电源开关，按动"减少"或"增加"键，调节 α 角（或调节给定电位器，由 0 开始逐渐增加），使 α 角在 $0°\sim150°$ 范围内调节。用示波器观察并记录 $\alpha=0°,30°,60°,90°,120°$（阻感负载记录 $\alpha=0°,30°,60°,90°$）时整流输出电压 u_d 波形、晶闸管两端电压 u_{VT} 波形和负载电流 i_d 波形，并记录相应的整流输出电压平均值 U_d 数值于表 2-1-8 中。表中 U_2 是三相交流输入相电压有效值。

表 2-1-8 $U_2 =$ _____

输出电压	控制角 α				
	0°	30°	60°	90°	120°
U_d(记录值)电阻负载					
U_d(计算值)电阻负载					
U_d(记录值)阻感负载					
U_d(计算值)阻感负载					

注：带阻感负载时，可以根据需要不断调节负载电阻，改变负载阻抗角 φ，使得负载电流保持在 0.6 A 左右。用示波器记录不同的 φ 角，对应不同的 α 时整流电压 u_d、晶闸管两端电压 u_{VT} 和负载电流 i_d 的波形。

（三）三相桥式有源逆变电路

测试三相桥式有源逆变电路在 $\beta = 30°, 60°, 90°$ 时输出电压 u_d、晶闸管两端电压 u_{VT} 的波形，并记录相应的 U_d 数值。

按照图 2-1-6 接好实验电路，打开控制电路电源开关，按动"减少"或"增加"键，调节 α 角（或调节"给定"电位器 U_g），使 α 角约等于 90°，将电阻器放在最大阻值处，按下"启动"按钮，在 90°～150°范围内调节 α 角。用示波器观察并记录 $\beta = 90°, 60°, 30°$ 时整流电压 u_d、晶闸管两端电压 u_{VT} 的波形，并记录相应的 U_d、I_d 数值于表 2-1-9 中。

表 2-1-9

输出电压、电流	控制角 β		
	90°	60°	30°
U_d(记录值)			
U_d(计算值)			
I_d(记录值)			

（四）模拟逆变失败故障

当 $\beta = 60°$ 时，将触发脉冲钮子开关拨至"断"的位置，模拟晶闸管失去触发脉冲时的故障，观察并记录这时 u_d、u_{VT} 波形的变化情况。

七、实验报告要求

（1）画出整流电路的移相特性 $U_d = f(\alpha)$。

（2）画出电阻负载时，$\alpha = 0°, 30°, 60°, 90°, 120°$ 时整流电压 u_d、晶闸管两端电压 u_{VT} 和负载电流 i_d 的波形；画出阻感负载时，$\alpha = 0°, 30°, 60°, 90°$ 时 u_d、u_{VT} 和 i_d 的波形。

（3）画出 $\beta = 90°, 60°, 30°$ 时逆变电路 u_d、u_{VT} 的波形。

（4）整理实验中记录的波形，分析总结实现有源逆变的条件。

（5）讨论分析实验结果，注意理论与实测的差别。

（6）分析如何解决主电路和触发电路的同步问题。在本实验中，主电路三相电源的相序可任意设定吗？

（7）分析模拟逆变失败故障的现象。

第二节　直流—直流变流电路实验

直流—直流变流电路按照电路拓扑可以分为不带隔离变压器的直接直流变流电路和带隔离变压器的间接直流变流电路两大类。

非隔离型的直流变流电路也称为"斩波电路",是通过控制开关管,再经电容、电感等储能滤波元件将输入的直流电压变换为符合负载要求的直流电压或电流。这种变流电路适用于输入输出等级差别不大且不要求电气隔离的应用场合。斩波电路有多种电路接线形式,根据电路结构及功能要求可以分为降压斩波电路、升压斩波电路、升降压斩波电路、丘克斩波电路、全桥型直—直变流电路等。

本节主要介绍非隔离型的直流斩波电路和全桥型直—直变流电路。

实验五　直流斩波电路性能研究

一、实验目的

(1)熟悉直流斩波电路的工作原理,掌握降压斩波电路和升压斩波电路的工作状态及波形情况。

(2)研究 PWM 控制信号的形成过程,了解专用 PWM 控制集成电路 SG3525 的结构及工作情况。

二、实验内容

(1)控制电路测试。

(2)升压斩波和降压斩波主电路性能测试。

三、原理说明

降压、升压直流斩波电路属于非隔离型直流—直流变流电路,它们的功能是将直流电变为另一固定电压或可调电压的直流电。直流斩波电路的种类较多,包括 6 种基本斩波电路:降压斩波电路、升压斩波电路、升降压斩波电路、Cuk 斩波电路、Sepic 斩波电路和Zeta 斩波电路。本实验主要研究前两种基本电路。

(一)直流降压斩波电路(Buck Chopper)工作原理

降压斩波电路原理图和输出电压波形图如图 2-2-1 所示,它将直流输入电压变换成相对低的平均直流输出电压。它的特点是输出电压比输入电压低,但输出电流比输入电流高,主要用于直流稳压电源。

在图 2-2-1(a)中,开关管 V 选用全控型器件 IGBT,D 为续流二极管。当 V 导通时,

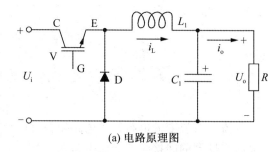

(a) 电路原理图

D 反偏关断，U_i 通过电感 L_1 向负载传送能量，此时，i_L 增加，L_1 储能，$u_o = U_i$；当 V 关断时，由于电感电流 i_L 不能突变，故 i_L 通过二极管 D 续流，电感上的能量逐步消耗在电阻上，i_L 降低，L_1 释放能量。由于 D 的单向导电性，i_L 不可能为负，$i_L \geqslant 0$，从而可在负载上获得单极性的输出电压。在稳态分析中假定输出端滤波电容很大，则输出电压可以认为是平直的，即 $u_o \approx U_o$。

负载电压平均值为：

$$U_o = \frac{t_{on}}{t_{on} + t_{off}} U_i = \frac{t_{on}}{T} U_i = \alpha \, U_i$$

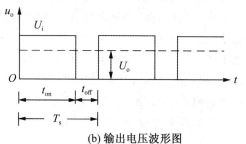

(b) 输出电压波形图

图 2-2-1　降压斩波电路原理图及输出电压波形图

式中：t_{on} 是 V 处于通态的时间，t_{off} 是 V 处于断态的时间，T 是开关周期，α 是占空比。当 L_1 为无穷大时，负载电流连续，可将降压斩波器看作直流降压变压器。

（二）直流升压斩波电路（Boost Chopper）

工作原理

升压斩波电路原理图如图 2-2-2 所示，它对输入电压进行升压变换。当开关管 V 导通时，电源 U_i 向电感 L_1 充电，$u_L = U_i$，同时负载由电容 C_1 供电；当 C_1 值很大时，保持输出电压 u_o 为恒值 U_o。当 V 关断时，由于电感电流 i_L 不能突变，i_L 通过 D 向电容 C_1 充电并向负载供电，电感上储存的能量传递到电容、负载侧，此时 i_L 减小，L_1 上的感应电动势 $u_L < 0$，故输出电压平均值 U_o

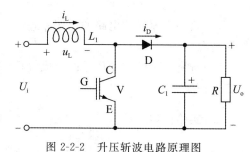

图 2-2-2　升压斩波电路原理图

大于输入电压 U_i。当电路工作于稳态时，电感两端电压在一个周期内的积分为 0，则有：

$$U_i t_{on} + (U_i - U_o) t_{off} = 0$$

等式两边同除以 T，整理后得到输出电压与输入电压的关系为：

$$U_o = \frac{t_{on} + t_{off}}{t_{off}} U_i = \frac{T}{t_{off}} U_i = \frac{1}{1 - \alpha} U_i$$

由于实际上 C_1 值不可能为无穷大，V 导通时，电容 C_1 向负载放电，U_o 会下降，所以实际输出电压会低于理论值，在实验中注意观察理论与实际的区别。

（三）控制电路工作原理

由上述降压斩波电路和升压斩波电路工作原理可知，改变主电路开关器件的占空比就可以控制输出电压平均值 U_o。

最常用的控制方法是采用某一固定频率进行开关切换，并通过调整导通时间 t_{on} 来控制输出平均电压,这种方法也被称为"脉宽调制法"(Pulse-Width Modulation,PWM)。

图 2-2-3 是 PWM 控制信号形成过程框图及 PWM 波形,可以看出误差放大器对主电路实际输出电压 U_o 和给定电压 U_{oref} 间的误差进行放大,产生控制电压 u_c,u_c 和某一周期波形比较后发出开关控制信号。某一恒定幅值周期波形的频率(如图中所示锯齿波 u_{st})决定了开关器件的开关频率。在 PWM 控制方式中,该频率保持不变。

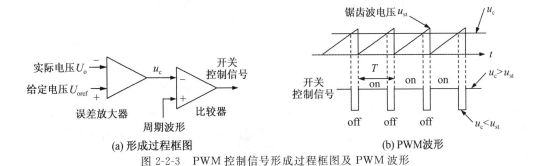

(a) 形成过程框图　　　　　　　　(b) PWM波形

图 2-2-3　PWM 控制信号形成过程框图及 PWM 波形

相对开关频率而言,控制电压 u_c 的变化是缓慢的,在较短的时间内,可近似为直流(本实验中的控制电压 u_c 是直流信号)。当 $u_c > u_{st}$ 时,开关控制信号变为高电平使开关管导通,反之使开关管关断。改变 u_c 的大小,即可改变开关控制信号高电平时间 t_{on},也就是改变开关管的占空比,从而控制主电路输出电压 U_o。

本实验控制电路采用专用的 PWM 控制集成电路 SG3525。它采用恒频脉宽调制控制方案,内部包括精密基准源、锯齿波振荡器、误差放大器、比较器、分频器和保护电路等。调节 u_c 的大小,在 11、14 引脚可输出两个幅度相等、频率相等、相位相差 $180°$、占空比可调的 PWM 波形,它适用于各开关电源、斩波器的控制。SG3525 内部电路结构如图 2-2-4所示,直流电源 V_s 从 15 引脚接入,通常用 +15 V,送到基准电压稳压器的输入端。16 引脚接三端稳压器,精度可达 5.1 V,是内部电路的供电电源。

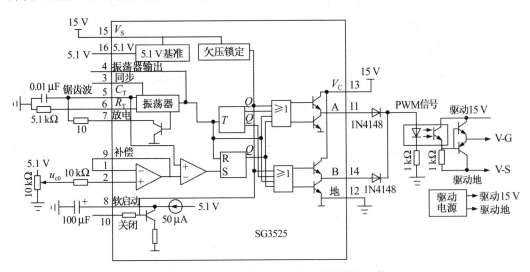

图 2-2-4　SG3525 芯片内部结构与所需外部组件

振荡器 5 引脚须外接电容 C_T，6 引脚须外接电阻 R_T。振荡器输出锯齿波的上升沿对应 C_T 充电，下降沿对应 C_T 放电。振荡器频率由充、放电时间决定。调节 7 引脚外接电阻值，即可调节放电时间，也即调节两路输出 PWM 信号的死区时间。振荡器的输出分为两路：一路以时钟脉冲形式送至分相器及两个或非门；另一路以锯齿波形式送至比较器的同相输入端。

比较器的反向输入端接误差放大器的输出。误差放大器的输出与锯齿波电压在比较器中进行比较，输出一个随误差放大器输出电压高低而改变宽度的 PWM 脉冲信号。该 PWM 信号经锁存器锁存，以保证在锯齿波的一个周期内只输出一个 PWM 脉冲信号。再将此 PWM 脉冲信号送到或非门的一个输入端。

分相器是一个 T 触发器，每输入一个脉冲，输出翻转一次，因此分相器的两路输出信号 Q、$\overline{Q}$ 是方波信号，频率是输入信号的一半，Q、$\overline{Q}$ 分别接到两个或非门的输入端。欠压锁定器的作用是当电源电压小于 7 V 时，欠压锁定期输出一个高电平，加到或非门的另一个输入端，同时也加到关闭电路的输入端，以封锁输出。

两组输出级结构相同，每一组的上侧为或非门，下侧为或门，4 个输入端由上到下分别是欠电压锁定信号、分相器输出的 Q（或 $\overline{Q}$）信号、振荡器输出的时钟脉冲信号及 PWM 脉冲信号。上、下两路输出信号分别驱动输出级的 2 个晶体管，最后在 11、14 引脚输出两路相位相差为 180° 的 PWM 波。在图 2-2-4 中，11 引脚和 14 引脚输出的两路 PWM 信号并联，经光耦隔离、放大后驱动主电路开关管 V，因此开关频率与锯齿波频率相同。

四、实验设备

(1)电源控制屏 DZ01：包括三相电源输出、交直流电压表和电流表等单元。

(2)单相调压与可调负载(见附录一 DJK09)：包括 90 Ω 可调负载、整流与滤波、单相自耦调压器等单元。

(3)直流斩波电路(见附录一 DJK20)：包括斩波电路主电路器件和控制电路等单元。

(4)D42 三相可调电阻。

(5)示波器、万用表。

五、注意事项

(1)主电路直流输入电压 U_i 限定最大值为 50 V，整流电路输入交流电压的大小由调压器调节输出。

(2)不能用示波器的两个探头同时观测主电路元器件之间的波形，以防止出现短路故障。

六、实验方法

(一)控制电路测试

打开实验装置电源，通过调节控制电路单元的 PWM 脉宽调节电位器来调节 U_r，用示波器的两个探头分别观测 SG3525 的 11 引脚与 14 引脚的波形并观测输出 PWM 信号的变化情况,记录其波形、频率和幅值。测量 11 引脚、14 引脚和 PWM 信号的占空比,测量 11 引脚和 14 引脚输出信号的死区时间 t。

将测试结果填入表 2-2-1 和表 2-2-2 中。

表 2-2-1

观测点	A(11 引脚)	B(14 引脚)	PWM
波形类型			
幅值 A/V			
频率 f/Hz			

表 2-2-2

U_r/V	1.4	1.6	1.8	2.0	2.2	2.4
11(A)占空比/%						
14(B)占空比/%						
PWM 占空比/%						

(二)主电路测试

按照图 2-2-1 和图 2-2-2 所示主电路接线。斩波电路的输入直流电压 U_i 由单相交流电源经单相桥式二极管整流及电感电容滤波后得到。调节电源电压,使 $U_i = 30$ V。

根据主电路图,利用 DJK20 面板上的元器件连接主电路,并接上电阻负载(选 1 A,90 Ω)。将控制与驱动电路的输出信号连接主电路开关管的 G 端和 E 端。接通主电路和控制电路电源,调节脉宽调节电位器来调节 U_r,记录在不同占空比时 U_i、U_o 的数值于表2-2-3 中。

表 2-2-3

	U_r/V	1.4	1.6	1.8	2.0	2.2	2.4
降压	U_i/V						
	U_o测量值/V						
	U_o计算值/V						
升压	U_i/V						
	U_o测量值/V						
	U_o计算值/V						

切断电源,断开斩波电路与 U_i 和控制电路的连接。

改变主电路的接线,用同样方法完成其他斩波电路实验。(选做)

七、实验报告要求

(1)了解 SG3525 产生 PWM 信号的工作原理。

(2)整理实验数据,绘制直流斩波电路的 $\dfrac{U_i}{U_o}$ —— α 曲线,并作比较与分析。

(3)分析实验数据与理论值的差别,分析造成误差的原因。

实验六　全桥型直—直变换器性能研究

一、实验目的

(1)掌握全桥型直—直变换器的工作原理。

(2)了解双极性 PWM 控制方式的形成过程,掌握采用双极性 PWM 控制方式的全桥型直—直变换器的工作特点。

二、实验内容

(1)PWM 控制器 SG3525 性能测试。

(2)全桥型 PWM 直—直变换器主电路性能测试。

三、原理说明

全桥型直—直变换器电路原理图如图 2-2-5 所示。输入端加直流电压 U_i,通过调节开关管闭合的占空比来控制变换器的输出电压。它与输出电流的大小和方向无关。输出电压 u_o 的幅值和极性均是可控的。

主电路由 4 个 IGBT 管 VT_1 ~ VT_4 构成 H 桥型结构,G_1 ~ G_4 由脉宽调制控制器产生 PWM 控制信号经驱动放大隔离得到,送到 4 个 IGBT 相应的栅极,控制它们的通断,4 个快恢复二极管 D_1 ~ D_4 起续流作用。

控制电路采用双极性 PWM 控制方式。这种控制方式的特点是:开关 VT_1、VT_4 和 VT_2、VT_3 组成两个开关对(每一对中的两个开关总是同时闭合或同时断开),两个开关对中总有一对是闭合的。

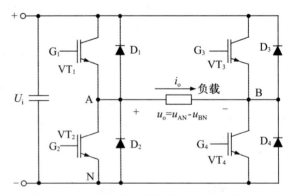

图 2-2-5　全桥型直—直变换器电路原理图

双极性开关 PWM 控制方式如图 2-2-6 所示,开关的控制信号由开关频率下的三角波 u_{tri} 与控制电压 u_c 相比较产生。当 $u_c > u_{tri}$ 时,开关 VT_1、VT_4 闭合,VT_2、VT_3 关断;反之,开关 VT_1、VT_4 关断,VT_2、VT_3 闭合。

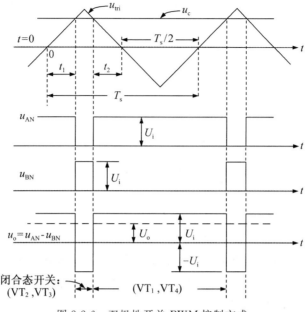

图 2-2-6　双极性开关 PWM 控制方式

VT_1、VT_4 闭合的占空比为 D_1，VT_2、VT_3 闭合的占空比 $D_2=1-D_1$。根据主电路和双极性开关 PWM 控制方式的波形所示的各参数关系，可以推导出主电路输出电压平均值。

$$U_o=U_{AN}-U_{BN}=D_1U_i-D_2U_i=(2D_1-1)U_i=\frac{U_i}{U_{trimax}}u_c=ku_c$$

式中：$k=\dfrac{U_i}{U_{trimax}}$ 为常数，U_i 为主电路输入电压幅值，U_{trimax} 为控制电路三角波峰值电压。

因此，双极性 PWM 控制方式的全桥型直—直变换电路的特点为：

(1)输出电压平均值随控制电压信号的变化而线性变化，类似于一直流线性放大器。

(2)全桥型直—直变换电路输出电压波形在 $+U_i$ 和 $-U_i$ 之间跳变，因此这种控制方式被称为"双极性电压开关 PWM 方式"。

(3)全桥型直—直变换电路可以实现四象限工作，即平均输出电压和电流可正可负。平均输出电压 U_o 只与控制电压 u_c 有关，与输出电流无关。对于较小的平均输出电流，一个周期内 i_o 可能会出现既有正也有负的情况，适用于需要电动机负载进行正、反转以及可电动又可制动的场合。

本实验所采用的全桥变换器主电路也可用于直—交变换，通过选择合适的控制方式满足不同类型的要求。

全桥型直—直变换器的控制电路采用专用的 PWM 控制集成电路 SG3525，这是一种性能优良、通用性强的单片集成 PWM 控制器，其内部结构和工作原理参照本章实验五。

四、实验设备

(1)电源控制屏 DZ01：包括三相电源输出、交直流电压表、电流表等单元。

（2）单相调压与可调负载（见附录一 DJK09）：包括 90 Ω 可调负载、整流与滤波、单相自耦调压器等单元。

（3）H 桥 DC/DC 变换电路（见附录一 DJK17）：包括 H 桥主电路、PWM 控制电路等单元。

（4）D42 三相可调电阻。

（5）示波器、万用表。

五、注意事项

主电路与控制电路波形不能同时观测，以防止两个探头的基准点引起短路故障。

六、实验方法

（一）观测 H 桥开关器件控制波形

（1）将控制电路挂件中给定单元输出 1 端连接至 PWM 输出单元 2（U_c）端，用示波器观测 SG3525 输出的 PWM 脉冲。通过调节给定电位器，使输出脉冲占空比为 $\rho=100\%$，用万用表测量此时的 $U_c=U_{cmax}$。

（2）调节给定电压 U_c 至占空比约 50%，用双踪示波器同时观测驱动正脉冲 G1-E1 与负脉冲 G2-E2 的输出信号，适当调节示波器扫描时间使脉冲上升沿、下降沿清晰，记录所测波形。

（3）给定电压 U_c 由最小值 0 逐渐上升至 U_{cmax}，记录此过程中信号 G1-E1、G2-E2、G3-E3、G4-E4 的占空比变化过程。

在实验中用双踪示波器测量 G1～G4 的波形。为避免发生短路故障，G1～G4 的波形是在光耦隔离器的输入端取出的，只反映波形的占空比随输入控制电压和正、反转控制的变化而变化的情况，并不能代表送到 IGBT 管的栅极的实际波形。本实验中送到 IGBT 管的实际驱动波形的峰值为 15 V。

（二）负载回路电流波形的观测

（1）将"电压指示切换"钮子开关拨到"三相调压输出"侧，按下"启动"按钮，调节变压器使三相电源输出 200 V，将单相调压挂件 DJK09 中的自耦变压器输入端接电源线电压，自耦变压器输出接二极管整流电路输入端，打开电源开关，调节自耦变压器，使整流电路输出直流电压为 220 V，关闭电源。

（2）将直流电压 220 V 接入 H 桥主电路的输入端，电阻负载（两个 900 Ω 电阻并联）串接直流电流表后，接 H 桥输出端。控制电路正、负给定电压均调到零，打开电源开关按钮。

（3）将给定电压 U_c 逐渐调至 $U_c=U_{cmax}$，调节负载电阻使负载回路电流 I_o 约为 0.5 A，慢慢减少 U_c 的值，观测 I_o 的变化，记录电阻负载上的典型波形。

七、实验报告要求

（1）分析实验中全桥变换器采用的双极性控制方式特点。

（2）记录并分析输出电压的波形，分析理论与实际的差别。

第三节　直流—交流变流电路实验

通常把直流电变换成交流电的过程称为"逆变"，直接向非电源负载供电的逆变电路称为"无源逆变电路"。

逆变电路可以从不同的角度进行分类。按照直流电源的性质，可以分为电压型和电流型两大类；按照输出交流电压的性质，可以分为恒频恒压型、变压变频型等；按照逆变电路的结构，可以分为单相半桥、单相全桥、三相桥式逆变电路等。

逆变电路经常和变频的概念联系在一起。变频电路有交—交变频和交—直—交变频两种形式。交—直—交变频电路由整流电路和逆变电路两部分组成。由于交—直—交变频电路的整流部分常采用二极管整流电路，因此，交—直—交变频电路的核心部分就是逆变电路。

逆变电路的应用非常广泛，蓄电池、太阳能电池等直流电源向交流负载供电；交流电动机调速用变频器、不间断电源等电力电子装置，核心部分都是逆变电路。

本节主要介绍单相正弦波脉宽调制(SPWM)逆变电路实验。

实验七　单相正弦波脉宽调制(SPWM)逆变电路实验

一、实验目的

(1)掌握电压型单相全桥逆变电路的工作原理。

(2)了解正弦脉宽调制调频、调压原理。

(3)分析 SPWM 逆变电路在不同负载时的工作情况和波形，研究工作频率对电路工作波形的影响。

二、实验内容

(1)控制信号观测。

(2)观测逆变电路输出在不同负载下的波形及参数。

三、原理说明

本实验主电路采用电压型单相全桥电路拓扑，控制电路采用双极性正弦脉宽调制控制方式。

(1)单相正弦波脉宽调制逆变电路的主电路结构原理图如图 2-3-1 所示。主电路中间直流电压 U_d 由交流电经单相桥式二极管整流得到，逆变部分由 4 只 IGBT 管组成单相桥式全控逆变电路，采用双极性正弦波脉宽调制方式，对 $VT_1 \sim VT_4$ 进行通断控制，再经 LC 低通滤波器，滤除高次谐波，主电路输出频率可调的正弦波(基波)交流电压。

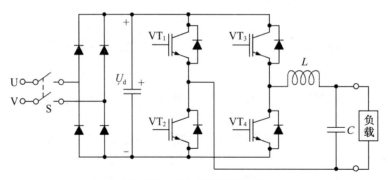

图 2-3-1　主电路结构原理图

逆变电路工作原理:单相全桥逆变电路采用双极性 SPWM 控制方式时,其工作原理与全桥型直—直变换器采用双极性切换 PWM 控制方式时类似,所不同的是此时调制信号 u_c 为正弦波。用于产生开关元件控制信号的正弦调制波 u_c 和三角载波 u_r 波形如图 2-3-2 所示。

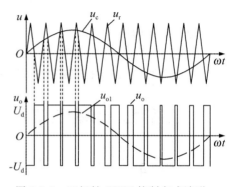

从图 2-3-2 上半部分可以看出,开关的控制信号由频率为开关频率的三角波 u_r 和控制电压 u_c 比较产生。当 $u_c > u_r$ 时,VT_1 和 VT_4 导通,VT_2 和 VT_3 关断,$u_o = U_d$;当 $u_c < u_r$ 时,VT_2 和 VT_3 导通,VT_1 和 VT_4 关断,$u_o = -U_d$。因此,同一个桥臂上下两个开关管的驱动信号极性相反,处于互补的工作方式。

图 2-3-2　双极性 PWM 控制方式波形

图 2-3-2 下半部分是双电压切换 PWM 控制方式的逆变器输出电压波形,可以看出,输出电压总是在正、负极性间跳变,正弦波控制信号决定了输出电压的频率和幅值,而三角载波则决定了开关器件的开关频率。

全桥逆变器输入、输出电压之间的关系:逆变器输出电压的基波分量 u_{o1} 按正弦规律变化并与 u_c 同相。

$$u_{o1} = \frac{u_c}{U_{rmax}} U_d = \frac{U_{cmax}\sin\omega t}{U_{rmax}} U_d = m_a\sin\omega t\, U_d$$

式中:U_{cmax} 和 U_{rmax} 分别是 u_c 和 u_r 的峰值,U_{rmax} 一般保持为常量,m_a 是幅值调制率。

因此,$U_{o1} = m_a U_d$。

当 $m_a \leqslant 1$ 时,逆变器输出电压基波分量 u_{o1} 随 m_a 线性变化;当 $m_a > 1$ 时,输出电压基波分量不再随 m_a 线性变化,这种控制方式称为"过调制"。一般要求 PWM 逆变器工作在线性调制区。

(2)控制电路结构图如图 2-3-3 所示,利用两片集成函数信号发生器 ICL8038,一片产生正弦调制波 u_c,另一片产生三角载波 u_r,将此两路信号经比较电路 LM311 异步调制后,产生一系列等幅

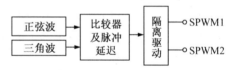

图 2-3-3　控制电路结构图

不等宽的 SPWM 波,再经过反相器后,生成两路相位相差 180°的±SPWM 波,再经触发器 CD4582 延时后,得到两路相位相差 180°并带一定死区时间的 SPWM1 和 SPWM2 波,作为主电路中两对开关管 IGBT 的控制信号。各波形的观测点参见附录一 DJK14 挂箱。

为了便于观察 SPWM 波,实验挂件面板上设置了"测试"和"运行"选择开关。在"测试"状态下,三角载波 u_r 的频率为 180 Hz 左右,用示波器可以方便地同时观测到调制波、载波,但在此状态下不能带载运行,因载波比太低,不利于设备的正常运行。在"运行"状态下,三角载波 u_r 频率为 10 kHz 左右,波形的宽窄快速变化,用数字示波器可较清晰地观测到 SPWM 波形。

正弦调制波 u_c 频率的调节范围设定为 5~60 Hz。

四、实验设备

(1)电源控制屏 DZ01:包括三相电源输出、交直流电压表和电流表等单元。

(2)单相调压与可调负载(见附录一 DJK09):包括整流与滤波、单相自耦调压器等单元。

(3)单相交—直—交变频原理(见附录一 DJK14):包括由 4 个 IGBT 管和 LC 滤波电路组成的主电路、驱动电路、控制电路等。

(4)示波器、万用表。

五、注意事项

(1)开机顺序是先打开主电路开关,再打开控制电路开关,关机时相反。开机前先将正弦调制波频率调到较小的位置,开机后再将正弦调制波频率调节到需要的数值。

(2)在"测试"状态下,请勿带负载运行;面板上的"过流保护"指示灯亮,表明过流保护动作,此时应检查负载是否短路,若要继续实验,应先关机后,再重新开机。

(3)本实验中,不能用示波器同时观测控制电路与主电路,应分别进行观测。

六、实验方法

(一)控制信号的观测

在主电路不接直流电源时,打开控制电源开关,并将控制电路面板上的钮子开关拨至"测试"或"运行"位置。

观察正弦调制波信号 u_c 的波形,测试其频率可调范围;观察三角载波 u_r 的波形,测试其频率;并观察 u_c 与 u_r 的关系。

改变正弦调制波信号 u_c 的频率,再测量三角载波 u_r 的频率,判断是同步调制还是异步调制。

比较"PWM+""PWM−"和"SPWM1""SPWM2"的区别,观测同一相上下两管驱动信号之间的死区延迟时间。

(二)带电阻及阻感负载时观测负载电压和负载电流的波形及参数

将控制电路面板上的钮子开关拨至"运行"位置,将正弦调制波信号 u_c 的频率调到最小。

按照主电路接线:单相调压挂件上的单相自耦变压器输入侧接电源线电压,输出侧接整流电路,调节自耦变压器使整流电路输出电压为 200 V,然后将 200 V 直流电压接到单相交直交变频原理挂件上的主电路输入端。

1.逆变电路接电阻负载(灯泡)

主电路输出端端灯泡负载,调节正弦调制波信号 u_c 的频率值多组,观测逆变器输出电压波形,记录输出电压有效值和频率于表 2-3-1 中。

2.逆变电路接阻感负载

主电路输出端接阻感负载(由挂箱上的灯泡和电感串联组成),调节正弦调制波信号 u_c 的频率值多组,观测逆变器输出电压和负载电流的波形,记录逆变器输出电压有效值和频率于表 2-3-1 中。

表 2-3-1 $U_d = 200$ V

u_c频率/Hz		30	40	50
u_o频率(Hz)/ 有效值(V)	电阻负载			
	阻感负载			

七、实验报告要求

(1)分析电阻负载和阻感负载时的实验数据和波形。

(2)分析说明实验电路中的 PWM 控制是采用单极性方式还是双极性方式。

(3)分析说明实验电路中的 PWM 控制是采用同步调制还是异步调制。

(4)为了使输出波形尽可能地接近正弦波,可以采取什么措施?

第四节 交流—交流变流电路实验

用晶闸管作开关器件的交流—交流变流电路可分为两大类:一类是只改变电压而不改变频率的电路,即交流调压电路;另一类是直接将较高频率交流电压变为较低频率交流电压的变频电路。

交流调压电路用两个单相晶闸管反并联或用双向晶闸管,在每半个周波内通过对晶闸管开通相位的控制,来调节输出电压的有效值。交流调压电路分为单相交流调压电路和三相交流调压电路两种。单相交流调压电路常用于小功率单相电动机控制、照明和电加热控制;三相交流调压电路常用于三相异步电动机的调压调速,或作为异步电动机的启动器使用。

本节介绍单相、三相交流调压电路的原理和实验方法。

实验八 单相交流调压电路实验

一、实验目的

(1)加深理解单相交流调压电路的工作原理。

(2)了解单相交流调压电路带阻感负载时对触发脉冲移相范围的要求。

(3)分析在电阻负载和阻感负载时不同的输出电压和电流波形及相控特性。

二、实验内容

(1)KC05 集成移相触发电路的调试。

(2)单相交流调压电路带电阻负载。

(3)单相交流调压电路带阻感负载。

三、原理说明

图 2-4-1 是单相交流调压电路原理图。将两个晶闸管 VT_1 和 VT_4 反向并联后串联在交流电路中,在交流电源正半周和负半周,通过控制晶闸管的触发脉冲延迟角 α 就可以调节输出电压。

正、负半周 α 的起始时刻均为电压过零时刻。带电阻负载时,晶闸管被触发导通后,负载电压 u_o 波形是电源电压波形的一部分,负载电流 i_o 波形与负载电压波形相同。α 角的移相范围为 $0° \sim 180°$。$\alpha = 0°$ 时,相当于晶闸管一直导通,输出电压最大。随着 α 的增大,输出电压 u_o 逐渐减小,直到 $\alpha = 180°$ 时,$u_o = 0$。

带阻感负载时,负载阻抗角 $\varphi = \arctan\left(\dfrac{\omega L}{R + R_L}\right)$。$\alpha = 0°$ 时,负载电流相位滞后于电源电压的角度为 φ。阻感负载下稳态时,α 角的移相范围为 $\varphi \leqslant \alpha \leqslant \pi$。

本实验采用 KC05 晶闸管集成移相触发器。该触发器适用于双向晶闸管或两个反向并联晶闸管电路的交流相位控制,具有锯齿波线性好、移相范围宽、控制方式简单、易于集中控制、输出电流大等优点。

主电路中电阻 R 选用三相可调电阻挂件,将其两个 $900\ \Omega$ 接成并联形式,电感 L 选用 $700\ \text{mH}$(晶闸管主电路 DJK02 单元)电感。

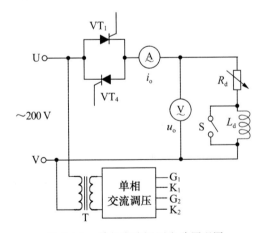

图 2-4-1 单相交流调压电路原理图

四、实验设备

(1)电源控制屏 DZ01:包括三相电源输出、交直流电压表和电流表等单元。

(2)晶闸管主电路(见附录一 DJK02):包括晶闸管、电感等单元。

(3)晶闸管触发电路(见附录一 DJK03-1):包括单相调压触发电路等单元。

(4)D42 三相可调电阻。

(5)示波器、万用表。

五、注意事项

(1)触发脉冲从外部接入晶闸管的门极和阴极,此时应将所用晶闸管对应的正桥触发脉冲或反桥触发脉冲的开关拨至"断"的位置,并将 U_{lf} 及 U_{lr} 悬空,避免误触发。

(2)触发脉冲可以选用三相触发电路产生的脉冲来触发晶闸管。

(3)由于触发脉冲"G""K"输出端有电容影响,故观察触发脉冲电压波形时,需将脉冲输出端"G"和"K"分别接到晶闸管的门极和阴极(或者也可用 100 Ω 左右阻值的电阻接到"G""K"两端,来模拟晶闸管门极与阴极的阻值),否则无法观察到正确的脉冲波形。

六、实验方法

(一)单相交流调压触发电路调试

单相交流调压触发电路采用 KC05 集成晶闸管移相触发器(单相交流调压触发电路 DJK03-1 原理图参见附录一)。打开电源控制屏 DZ01 的电源总开关,按下"启动"按钮,调节电源变压器使输出线电压为 200 V,将单相交流调压触发电路 DJK03-1 挂件上的"外接 220 V"端接控制屏电源线电压。打开 DJK03-1 挂件电源开关,用示波器观察单相交流调压触发电路的"1"~"5"端及输出脉冲波形。调节触发电路电位器 RP_1,观察锯齿波斜率是否变化,调节触发电路电位器 RP_2,观察输出脉冲的移相范围如何变化,移相能否达到 170°,记录上述过程中观察到的各点电压波形。

(二)单相交流调压带电阻负载

按照图 2-4-1 将主电路面板上的两个晶闸管反向并联构成交流调压器,接电阻负载。将触发电路的输出脉冲端"G_1"和"K_1""G_2"和"K_2"分别接至主电路 VT_1、VT_4 相应晶闸管的门极和阴极。按下"启动"按钮,打开挂件电源开关,用示波器观察负载电压 u_o 晶闸管两端电压 u_{VT} 的波形。调节"单相调压触发电路"上的电位器 RP_2,观察在不同 α 角时 u_o、u_{VT} 波形的变化,并记录 $\alpha=30°,60°,90°,120°,150°$ 时负载电压有效值 U_o 和波形于表 2-4-1 中。

表 2-4-1

α	30°	60°	90°	120°	150°
U_o/V					
U_o波形					

（三）单相交流调压接阻感负载

1.测电抗器内阻

在进行阻感负载实验时,需要调节负载阻抗角的大小,因此应该知道电抗器的内阻和电感量。常采用直流伏安法来测量内阻,如图2-4-2所示。

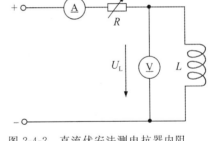

图 2-4-2 直流伏安法测电抗器内阻

输入侧直流电压可利用电源接自耦变压器,自耦变压器输出接单相桥式二极管整流电路得到,调节自耦变压器,使输入侧直流电压约 50 V,读取电流表和电压表数值,测得 $U_L=$ _____、$I=$ _____。

电抗器的内阻为:

$$R_L = \frac{U_L}{I}$$

2.测电抗器电感

电抗器的电感量可采用交流伏安法测量,如图 2-4-3 所示。由于大电流对电抗器的电感量影响较大,因此采用自耦变压器调压,使输入侧电压从 80 V 到 150 V 变化,读取电流表和电压表的示数,记录几组 U_L、I_o(负载电流有效值)数值,取平均值,从而可得到交流阻抗。

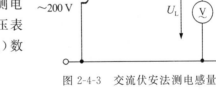

图 2-4-3 交流伏安法测电感量

$$Z_L = \frac{U_L}{I_o}$$

电抗器的电感为:

$$L = \frac{\sqrt{Z_L^2 - R_L^2}}{2\pi f}$$

负载阻抗角为:

$$\varphi = \arctan\frac{\omega L}{R + R_L}$$

在实验中,欲改变阻抗角,只需改变负载 R 的电阻值即可。

切断电源,将图 2-4-1 中的 S 断开,改接为阻感负载。按下"启动"按钮,用双踪示波器同时观察负载电压 u_o 和负载电流 i_o 的波形。调节 R 的数值,使阻抗角为一定值,观察在不同 α 角时波形的变化情况,记录 $\alpha>\varphi$、$\alpha=\varphi$、$\alpha<\varphi$ 三种情况下 u_o 和 i_o 的波形。

七、实验报告要求

(1)整理、画出实验中所记录的各类波形。

(2)作出带电阻负载时的 U—α 曲线(U 为负载 R 上的电压有效值)。

(3)指出带阻感负载时,电流临界连续的条件并加以分析。

(4)分析带阻感负载时,α 角与 φ 角关系的变化对调压器工作的影响。

(5)讨论并分析实验结果。

实验九　三相交流调压电路实验

一、实验目的

(1)了解三相交流调压触发电路的工作原理。
(2)加深理解三相交流调压电路的工作原理。
(3)了解三相交流调压电路带不同负载时的工作特性。

二、实验内容

(1)触发电路的调试。
(2)三相交流调压电路带电阻负载性能测试。

三、原理说明

如图 2-4-4 所示,三相交流调压电路采用三相三线方式,由于没有中线,每相电流必须从另一相构成回路,因此和三相桥式全控整流电路一样,电流流通路径中有两个晶闸管,所以应采用双脉冲触发,才能保证有两个不同相的晶闸管同时导通而形成电流回路,将交流电源电压、电流送至负载。把相电压过零点定为触发角 α 的起点。三相触发脉冲应依次相差 120°,同一相的两个反并联晶闸管的触发脉冲应相差 180°。因此,6 个晶闸管 $VT_1 \sim VT_6$ 的触发脉冲相位依次相差 60°。

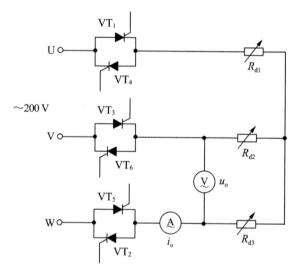

图 2-4-4　三相交流调压电路原理图

三相交流调压在三相三线电路中, α 角的移相范围是 0°~150°。

注意观察三相交流调压电路 3 种工作情况。

(1)0°≤α<60°,电路处于 3 个晶闸管导通与 2 个晶闸管导通的交替状态。每个晶闸管导通角是 180°−α。

(2)60°≤α<90°,任一时刻都是 2 个晶闸管导通,每个晶闸管导通角是 120°。

(3)90°≤α<150°,电路处于 2 个晶闸管导通与无晶闸管导通的交替状态,每个晶闸管导通角是 360°−2α。这个导通角被分割成不连续的两部分,在半周波内形成 2 个断续的波头,各占 150°−α。

四、实验设备

(1)电源控制屏 DZ01:包括三相电源输出、交直流电压表和电流表等单元。

(2)晶闸管主电路(见附录一 DJK02):包括晶闸管主电路、电抗器等单元。

(3)三相数字晶闸管触发电路实验(DJK02-3):包含触发电路、正反桥功放等单元。

(4)三相可调电阻。

(5)示波器、万用表。

五、注意事项

(1)示波器的两个探头不能同时观测主电路和控制电路波形,需分别观测,并防止短路。

(2)启动电源前将负载电阻调至最大,防止过流。

六、实验方法

(一)触发电路调试

调试触发电路方法与三相桥式全控整流电路实验中触发电路调试方法相同,调节触发脉冲移相范围为 $0°\sim150°$。

(二)三相交流调压电路带电阻负载性能测试

将 6 路触发脉冲移相范围调至最大,将晶闸管主电路上的 6 个正桥脉冲开关拨至"接通",将正桥驱动电路的"U_{lf}"端接地。

按图 2-4-4 用正桥晶闸管 $VT_1\sim VT_6$ 连接三相交流调压主电路,接上三相平衡电阻负载,并调节电阻负载至最大。接通电源,按下"启动"按钮,调节电源电压为 200 V,打开 DJK02-3 电源开关,调节 α 角,用示波器观察并记录 $\alpha=30°、60°、90°、120°、150°$时的输出电压波形和输出电压有效值,填入表 2-4-2 中。

表 2-4-2

α	30°	60°	90°	120°	150°
U_o/V					
U_o波形					

七、实验报告要求

(1)整理并画出实验中记录的波形,画出 $U_o=f(\alpha)$ 曲线。

(2)讨论、分析实验现象,注意理论与实际的差别。

第五节　电力电子技术应用实验

在电力电子实际应用中,常采用隔离式的直流变流电路。根据电路结构及功能,隔离型直流变流电路增加了交流环节,在交流环节中通常采用变压器实现输入、输出间的隔离。交流环节采用较高的工作频率,可以减小变压器和滤波电感、滤波电容的体积和重量。隔离式直流变流电路可以分为单端和双端电路两大类:单端电路包括正激型和反激型两类,双端电路包括推挽型、半桥型和全桥型三类。每一类电路都可能有多种不同的拓扑形式或控制方法。

如果输入端的直流电源由交流电网整流得来,则构成交—直—直电路,采用这种电路的装置通常被称为"开关电源"。由于开关电源采用了工作频率较高的交流环节,变压器和滤波器都大大减小,因此同等功率条件下其体积和重量都远小于相控整流电源。

本节主要介绍隔离型直—直变流电路的典型应用——开关电源的原理和实验方法,还介绍了斩波电路在有源功率因数校正器(APFC)中的应用。

实验十　半桥型开关稳压电源性能研究

一、实验目的

(1)熟悉典型开关电源主电路的结构和工作原理。
(2)了解 PWM 控制原理和常用集成电路。
(3)了解反馈控制对电源稳压性能的影响。

二、实验内容

(1)控制电路测试。
(2)主电路开环(闭环)特性测试。

三、原理说明

开关稳压电源指利用高频功率开关器件并通过 DC/DC 变换技术而制成的高频开关直流稳压电源。开关稳压电源中采用的主要电压变换电路是直—直变换器,电路中的功率器件作为开关使用。

半桥型开关稳压电源主电路是带隔离变压器的直—直变换器,将市电变为稳定的直流电源。主电路结构框图如图 2-5-1 所示,交流电压经二极管整流电路变换为不可控直流电压,再由半桥型逆变器将不可控直流电压变为可控的高频交流电压并加到隔离变压器的原边,隔离变压器副边的输出电压经过整流和滤波,最后输出可控的直流电压供给负载。输出电压的稳定由 PWM 控制器通过反馈控制调节主电路开关管的占空比来实现。反馈环中的电隔离可采用隔离变压器或光电耦合器实现。

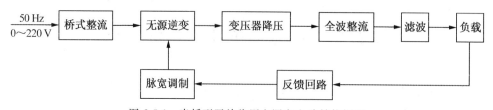

图 2-5-1　半桥型开关稳压电源主电路结构框图

图 2-5-1 是半桥型开关稳压电源原理图,主电路中电容 C_1、C_2 上的电压近似直流。当 V_1 关断、V_2 导通时,电源及电容 C_2 的储能经变压器 V_2 向 C_1 充电,C_1 储能增加。反之,当 V_1 开通、V_2 关断时,电源及电容 C_1 的储能经变压器传递到副边,此时电源经 V_1、变压器向 C_2 充电,C_2 储能增加。变压器副边电压经 VD_5、VD_6 整流和 L、C_3 滤波后,得到直流输出电压。通过交替控制 V_1、V_2 的开通与关断,并控制其占空比,即可控制输出电压的大小。半桥型开关电源输入、输出电压的关系为:

$$\frac{U_o}{U_d} = \frac{N_2}{N_1}D$$

式中:U_o、U_d 分别是开关电源输出、输入电压平均值,N_1、N_2 分别是隔离变压器原边、副边线圈匝数,D 是开关管的占空比。

主电路中的开关管选用全控型电力 MOSFET 管,型号为 IRFP450,主要参数为:额定电流 16 A,额定耐压 500 V,通态电阻 0.4 Ω。2 只 MOSFET 管与 2 只电容 C_1、C_2 组成一个逆变桥。在两路 PWM 信号的控制下,逆变桥输出占空比可调的矩形脉冲电压,频率约为 26 kHz。该电源在开环时负载特性较差,只有加入反馈,构成闭环控制后,当外加电源电压或负载变化时,便均能自动控制 PWM 输出信号的占空比,以维持电源的输出直流电压在一定的范围内保持不变,达到稳压的效果。

控制电路以专用 PWM 控制集成电路 SG3525 为核心构成,其内部结构图参见本章实验五,外围器件参数参见图 2-5-2。调节 U_r 的大小,在 SG3525 的 11、14 引脚输出 2 个幅度相等、频率相等、相位相差 180°、占空比可调的矩形波(即 PWM 信号)。

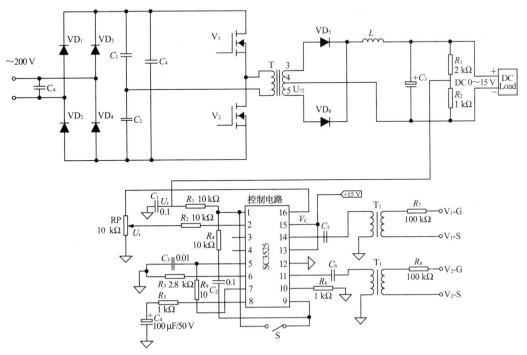

图 2-5-2 半桥型开关稳压电源原理图

四、实验设备

(1)电源控制屏 DZ01：包括三相电源输出、交直流电压表和电流表等单元。

(2)单相调压与可调负载(见附录一 DJK09)：包括 90 Ω 可调负载、整流与滤波、单相自耦调压器等单元。

(3)半桥型开关稳压电源(见附录一 DJK19)：包括半桥型开关稳压电源主电路、控制电路等单元。

(4)示波器、万用表。

五、注意事项

(1)实验过程中，电源开通顺序是：先接通主电路电源，再打开控制电路电源开关。关闭顺序相反。

(2)按下"停止"按钮关断电源后，自耦变压器输出要调回零位，保证主电路电压都是从零开始逐渐升高到需要的电压值。

(3)主电路与控制电路波形不能同时观测，以防止通过示波器探头引起短路。

六、实验方法

(一)控制电路测试

打开控制电路电源开关，将 SG3525 的 1 引脚与 9 引脚短接(接通开关 K)，使系统处于开环状态。调节 PWM 脉宽调节电位器 RP，用示波器观测测试点 11、14 引脚信号的变化规律，然后选定一个较典型的位置，测试此时的 U_r，并记录各测试点的波形参数(包括波形类型、幅度 A、频率 f)，填入表 2-5-1 中。

表 2-5-1 $\qquad\qquad\qquad\qquad\qquad\qquad\qquad\qquad U_r=$ _____

SG3525 引脚	11(A)	14(B)
波形类型		
幅值 A/V		
频率 f/Hz		

用双踪示波器的两个探头同时观测 11 引脚和 14 引脚的输出波形，调节 PWM 脉宽调节电位器 RP，观测两路输出的 PWM 信号，找出占空比随 U_r 的变化规律，并测量两路PWM 信号之间的死区时间 t_{dead}。

（二）主电路开环（闭环）特性测试

将控制与驱动电路中的开关 K 拨至"开环"（闭环）挡，主电路的反馈信号 U_f 端与控制电路 U_f 端断开（用导线连接），使系统处于开环（闭环）控制状态。

（1）按照图 2-5-2 主电路接线。电源控制屏三相电源输出线电压接单相自耦变压器输入端，单相自耦变压器输出端接半桥型开关稳压电源主电路，主电路直流输出端接负载电阻 R（DJK09 挂件上 90 Ω 电阻，将阻值调到最大），负载电阻串接直流电流表。

（2）按下"启动"按钮，调节自耦变压器，使主电路输入交流电压为 200 V，用示波器的一个探头观测逆变桥隔离变压器副边电压 U_{T2} 的波形，调节控制电路脉宽调节电位器 RP，观察并记录波形的变化规律，并将主电路输出电压记录于表 2-5-2 中。

表 2-5-2

U_r/V		1.4	1.6	1.8	2.0	2.2	2.4	2.8
11 或 14 引脚占空比/%								
U_o/V	开环							
	闭环							

（3）当 $U_i = 200$ V 时，在一定的脉宽下，作电源的负载特性测试，在 40~90 Ω 范围内调节负载 R，测定直流电源输出端的伏安特性：$U_o = f(I)$。

令 $U_r =$ _____ V（参考值为 2.2 V），测量结果填入表 2-5-3 中。

表 2-5-3

R/Ω		90				
U_o/V	开环					
	闭环					
I/A	开环					
	闭环					

（4）在一定的脉宽下保持负载不变（$U_r = 2.2$ V，$R = 80$ Ω），调节输入电压 U_i，测量直流输出电压 U_o，测定电源电压变化对输出的影响，测量结果填入表 2-5-4 中。

表 2-5-4

U_i/V		100	120	140	160	180	200	220	240
U_o/V	开环								
	闭环								
I/A	开环								
	闭环								

七、实验报告要求

(1)整理实验数据和记录的波形,分析半桥型开关稳压电源的稳压原理。

(2)分析开环与闭环时负载变化对主电路工作的影响。

(3)分析开环与闭环时电源电压变化对主电路工作的影响。

(4)总结闭环时输出电压理论值与实测值的差别,分析造成这些差别的原因。

实验十一　单端电流反馈反激式隔离开关电源性能研究

一、实验目的

(1)了解单端反激式开关电源的主电路结构、工作原理。

(2)了解电流控制原理。

二、实验内容

(1)主电路和控制电路典型波形测试。

(2)开关电源稳压性能测试。

三、原理说明

带隔离的直流—直流变流电路分为单端和双端电路两大类。半桥、全桥和推挽电路属于双端电路,正激电路和反激电路属于单端电路。

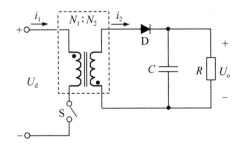

图 2-5-3　单端反激式变流电路原理图

图 2-5-3 是单端反激式变流电路原理图。当电路中开关 S 导通时,输入电压 U_d 加到变压器原边绕组 N_1 上。根据变压器同名端的极性,变压器副边绕组 N_2 上的电压极性为上负下正,整流二极管 D 截止,副边绕组 N_2 中没有电流流过,电源输入的能量以磁能的形式存储于变压器中。当 S 断开时,副边绕组 N_2 上的电压极性为上正下负,二极管 D 导通,此时,S 导通期间存储变压器中的能量通过二极管 D 传输给负载。在工作过程中,变压器起到了储能电感的作用。

反激式变流电路输入、输出电压之间的关系为：

$$U_\text{o} = \frac{N_2}{N_1} \times \frac{D}{1-D} \times U_\text{d}$$

式中：D 为占空比。

反激式变流电路在应用中应注意：①输出不允许空载。若空载，输出电压很高，可能会击穿开关器件。②不能在 C 之前加电感来增强滤波作用。加电感会使变压器原边产生很高的电势，从而导致开关管或变压器原边绕组击穿。

反激式变流电路适用于要求高压输出的小功率变换装置。

开关电源的控制电路一般采用电压反馈或电流反馈，通过调节开关占空比的方法来调节或稳定输出电压。最常用的控制方法是脉宽调制法。

图 2-5-4 是单端电流反馈反激式隔离开关电源电路图。主电路中，市电输入经二极管整流后的直流电压 U_d 经过开关变压器初级绕组加到功率场效应管（MOSFET）Q_1 的 D 极。控制电路采用脉宽调制器 UC3844，其输出的触发脉冲加到 Q_1 的 G 极。由于输入电压 U_d 的变化立即反映为电感电流的变化，通过 UC3844 的 3 引脚，它不经过任何误差放大器就能在比较器中改变输出脉冲宽度。因此，输入电压的电压调整率非常好，可达 0.01%。而负荷的变化（即 5V 直流输出电压的变化），通过可变基准稳压二极管 U_4（TL431）、光耦 P_2（2501）、放大器 Q_3 和 Q_2 注入 3 引脚过流检测比较器，以改变输出脉宽，达到稳压的目的。而改变 TL431 的基准稳压值可以改变 $+5$ V 的稳压值。因 $+5$ V 输出端负荷的较大变化会间接引起 ±12 V 输出电压值的变化，故 ±12 V 的输出端需接三端稳压器。光耦 P_1（2501）的作用是在 $+5$ V 输出严重过压时（超过 6.2 V），双重控制 PWM 的输出脉宽。

一般脉宽调制器是按反馈电压来调节脉宽的。电流控制型脉宽调制器是按反馈电流来调节脉宽的。本实验所用控制器 UC3844 就是电流控制型 PWM 控制器，在脉宽比较器的输入端直接用流过输出电感线圈的电流信号与误差放大器的输出信号来进行比较，从而调节占空比使输出的电感峰值电流跟随误差电压的变化。

UC3844 是一种高性能固定频率的电流型控制器，单端输出，可直接驱动双极型晶体管或 MOSFET 功率场效应管，具有管脚数量少、外围电路简单、安装与调试简便、性能优良、价格低廉等优点，能通过高频变压器与电网隔离，适用于 $20\sim100$ W 小功率开关电源。

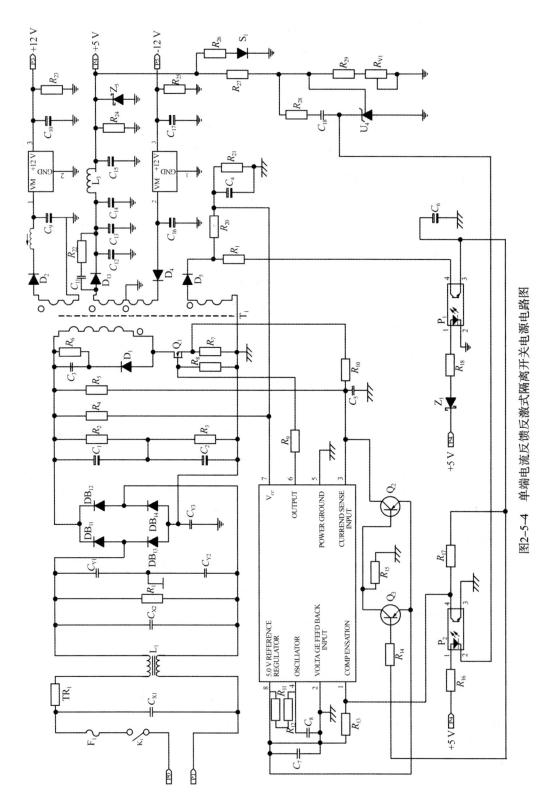

图2-5-4　单端电流反馈反激式隔离开关电源电路图

图 2-5-5 是 UC3844 的内部结构框图。从图中可知，UC3844 有 2 个控制闭合环路：一个是输出电压反馈误差放大器（2 引脚）构成电压外环，用于同基准电压比较后产生误差电压；另一个是利用电流测定比较器构成电流内环，将电感（变压器初级）电流的取样值（在 R_7 上产生的电压）通过 3 引脚与误差电压进行比较产生调制脉冲，并在时钟所限定的固定频率下工作。由于误差信号实际控制着峰值电感电流，故称为"电流型 PWM 控制器"。

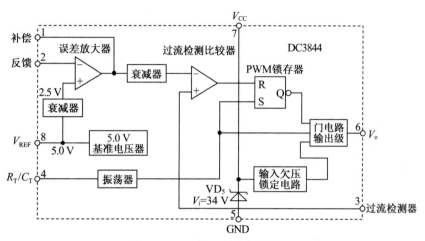

图 2-5-5 UC3844 的内部结构图

UC3844 的 7 引脚为 V_{CC}，直接取自开关变压器的一个绕组，电阻 R_4 为启动电阻，V_{CC} 内部接有限幅稳压电源。集成块内部基准电路产生 +5 V 基准电压作为 UC3844 内部电源（8 引脚），经衰减得 2.5 V 电压作为误差放大器基准，集成块内部的振荡器产生方波振荡，振荡频率取决于外接定时元件，接在 4 引脚与 8 引脚之间的电阻 R_T 与接在 4 引脚与地之间的电容 C_T 共同决定了振荡器的振荡频率 $f = \dfrac{1.8}{R_T C_T}$。反馈电压由 2 引脚接误差放大器反相端，1 引脚外接 RC 网络以改变误差放大器的闭环增益和频率特性。6 引脚输出驱动开关管的方波，3 引脚为电流检测端，用于控制开关管的电流。当 3 引脚电压不低于 1 V 时，UC3844 就关闭输出脉冲，保护开关管不至于过流受损。UC3844 PWM 控制器设有欠压锁定电路，其开启阈值为 16 V，关闭阈值为 10 V。

四、实验设备

（1）电源控制屏 DZ01：包括三相电源输出、交直流电压表和电流表、励磁电源等单元。

（2）单端反激式隔离开关电源（见附录一 DJK26）：包括主电路和控制电路等单元。

（3）单相调压与可调负载（见附录一 DJK09）：包括 90 Ω 可调负载、单相自耦调压器等单元。

（4）示波器、万用表。

五、注意事项

(1)交流电源输入在开机启动时必须大于160 V,开机后允许电压浮动(60～280 V)。

(2)+5 V输出端的最大负载电流为3 A,±12 V输出端的最大负载电流为1 A。测试±12 V输出时,必须将+5 V输出端带上0.5 A以上电流负荷。

(3)用示波器观察电路波形时,注意公共点的选择问题。

六、实验方法

(一)电路波形测试

将自耦变压器的输入端接电源控制屏电源线电压,自耦变压器的输出端接开关电源主电路的输入端,90 Ω可调电阻串接电流表后接开关电源 5 V 输出端,900 Ω可调负载串接电流表后接开关电源±12 V 输出端。

(1)打开电源控制屏的电源开关,按下"启动"按钮,调节自耦变压器使输出电压为180 V,调节负载电阻,使负载电流为 2 A(注意:调节交流输入电压时应避免从零开始升压,电源电压略大于 60 V 启动)。

用示波器观测电路中各观察点的波形(观察点参照附录一 DJK26 面板图),结果记录于表 2-5-5 中。

(2)改变交流输入电压值为 120 V,负载不变,观测各测试点波形,记录数据波形于表2-5-5 中。

(3)调节+5 V 直流输出负载电流为 0.3 A,交流输入为 180 V,用示波器观测各观察点波形,记录数据于表 2-5-5 中。

(二)开关电源稳压性能测试

(1)保持负载不变,即调节电阻使 5 V 输出端负载电流为 2 A、±12 V 输出端负载电流为 0.5 A 不变,调节开关稳压电源的交流输入电压,使之在 90～250 V 变化,分别观测5 V 和±12 V 直流输出端电压变化情况,结果记录于表 2-5-6 中。

(2)保持开关稳压电源的交流输入电压不变,调节负载电阻,分别观测 5 V 输出端负载电流在 0.15～2.6 A 变化和±12 V 输出端负载电流在 0.15～0.5 A 变化时,5 V 和±12 V直流输出电压变化情况,结果记录于表 2-5-7 与表 2-5-8 中。

表 2-5-5

观测项目	5 V 直流输出电流 2 A		5 V 直流输出电流 0.3 A
	交流输入电源 180 V	交流输入电源 120 V	交流输入电源 180 V
Q_1 的 S 极(观察点 5)			
Q_1 的 G 极(观察点 4)			
变压器反馈绕组(观察点 7)			

续表

观测项目	5 V 直流输出电流 2 A		5 V 直流输出电流 0.3 A
	交流输入电源 180 V	交流输入电源 120 V	交流输入电源 180 V
Q₁ 的 D 极(观察点 6)			
4 引脚振荡波形(观察点 8)			
+5 V 输出(观察点 2)			
开关频率与占空比			

表 2-5-6

输入/输出电压	100 V	130 V	170 V	210 V	250 V
5 V 输出					
12 V 输出					
−12 V 输出					

表 2-5-7

负载/输出电压	0.15 A	0.5 A	1.0 A	1.5 A	2.0 A	2.5 A
5 V 输出端电压						

表 2-5-8

负载/输出电压	0.15 A	0.25 A	0.3 A	0.4 A	0.5 A
12 V 输出					
−12 V 输出					

七、实验报告要求

(1)整理典型情况下的各点波形。

(2)说明电流控制原理。

(3)分析负载变化时输出电压不变的原理。当 12 V 直流输出的负载改变时,输出 12 V电压能够保持不变吗? 为什么?

(4)分析交流输入电压改变时,输出电压保持不变的原理。

实验十二　整流电路有源功率因数校正实验

一、实验目的

(1)了解提高功率因数的意义,熟悉整流电路有源功率因数校正电路的结构与工作原理。

(2)了解有源功率因数校正集成控制电路的组成、工作原理和使用方法。

二、实验内容

(1)无滤波电容的整流电路带纯电阻负载测试。

(2)有滤波电容的整流电路带纯电阻负载测试。

(3)整流电路有源功率因数校正电路的性能测试。

三、原理说明

多数电子镇流器和开关电源一般都使用二极管不控桥式整流和大容量滤波电容从交流电源获得直流电压,供后级电路使用,如图 2-5-6 所示。若电路中无电容,负载电压的脉动很大,不能满足直流负载的用电要求。为了使直流输出电压脉动小,一般在输出端并联一个大容量滤波电容,使脉动减小。

虽然二极管整流电路输入侧电源电压是正弦波,但它仅在电源电压瞬时值大于电容电压时,二极管导通,才有输入电流;当电源电压低于电容电压时,二极管不导通,输入电流为零,因此形成了电源电压峰值附近的电流脉冲(见图 2-5-7)。这种波形严重畸变的输入电流含有大量的谐波,而谐波电流对电网有严重的危害。例如:谐波电流流过线路阻抗造成谐波电压降,使电网电压也发生畸变;谐波电流会使线路和配电变压器过热,损坏电气设备等。这种整流电路交流输入侧的功率因数很低,使供配电设备利用率降低、功耗加大。

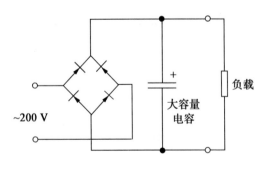

图 2-5-6　整流电路

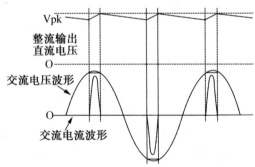

图 2-5-7　未校正时整流电路输入电压、电流波形

功率因数校正的基本原理就是从电路上采取措施,使电源输入电流波形为正弦波,并与输入电压保持同相。实现功率因数校正的方法有多种,其中有源校正技术,特别是单相升压式高频有源功率因数校正电路,具有高的功率因数值。

它应用高频 PWM DC-DC 变换和电流反馈技术,使输入侧电流波形跟踪输入电压波形,从而使功率因数大大提高。

本实验采用 Boost DC-DC 变换器电路拓扑作为有源功率因数校正器(APFC)的主电路。控制电路由功率因数校正专用芯片 UCC3817N 和外围元器件组成。UCC3817N 内部主要包括电压误差放大器(VA)、电流误差放大器(CA)、乘法器、脉宽调制器(PWM)和驱动电路等。

图 2-5-8 是有源功率因数校正器的原理框图。Boost 变换器由储能电感 L、高频大功率开关管 Q、单向二极管 D 和滤波电容 C 组成。主电路的输出电压 U_o 经 R_3、R_4 分压采样并与基准电压 V_{oref} 比较后,输入给电压误差放大器(VA);整流电压 U_d 经 R_1、R_2 分压采样检测后和 VA 的输出电压信号共同加到乘法器的输入端。

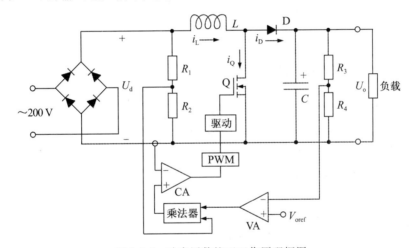

图 2-5-8　功率因数校正工作原理框图

乘法器的输出作为电流反馈控制的基准信号,与电感电流 i_L 的检测值比较后,经过电流误差放大器(CA)加到 PWM,经高频三角波信号调制后,产生 PWM 信号脉冲,加到 MOSFET 管 Q 的栅极控制 Q 的通断,从而使输入电流(即电感电流)i_L 的波形与整流电压 U_d 的波形基本一致。在一个开关周期内,当 Q 导通时,$i_D=0$,$i_L=i_Q$,当 Q 关断时,$i_Q=0$,$i_L=i_D$。这种被高频调制的输入电流,取每个周期的平均值,即可得到较光滑的近似正弦波,也即提高了输入侧的功率因数。

图 2-5-9 是 UCC3817N 的管脚排列图,其内部框图如图 2-5-10 所示。

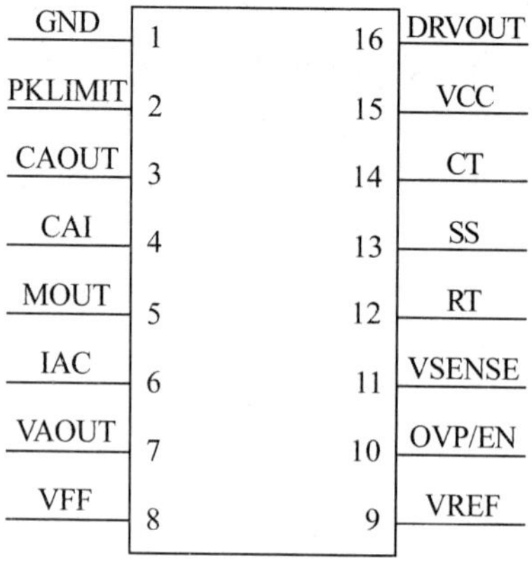

图 2-5-9　UCC3817N 的管脚排列图

UCC3817N 的管脚定义如下:

(1)GND:地。

(2)PKLIMIT:峰值电流限制端。

(3)CAOUT:电流运放输出端。

(4)CAI:电流运放反相输入端。

(5)MOUT:乘法器的输出端和电流运放的反相输入端。

(6)IAC:与输入电压瞬时值成比例的电流输入端。

(7)VAOUT:电压放大器输出端。

(8)VFF:前馈电压端。

(9)VREF:参考电压输出端。

(10)OVP/EN:过压保护/使能端。

(11)VSENSE:电压放大器反相输入端。

(12)RT:外接振荡电阻端。

(13)SS:软启动端。

(14)CT:外接振荡电容端。

(15)VCC:正电源端。

(16)DRVOUT:栅极驱动端。

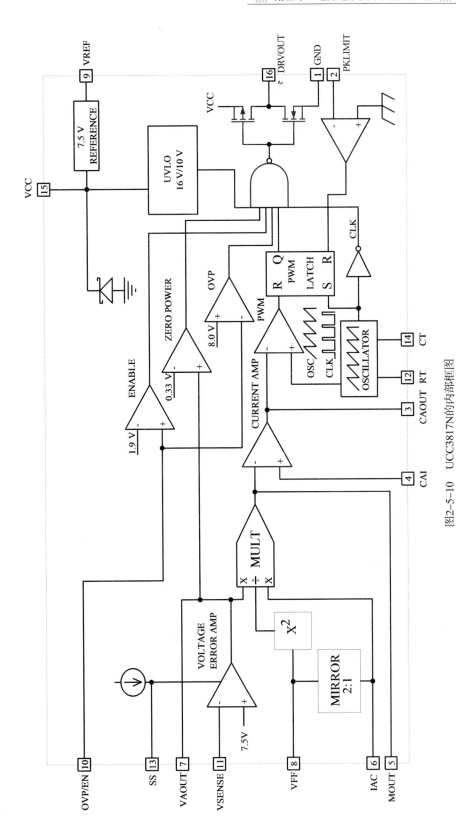

图2-5-10 UCC3817N的内部框图

四、实验设备

(1)电源控制屏 DZ01:包括三相电源输出、励磁电源等单元。

(2)单相调压与可调负载(见附录一 DJK09):包括 90 Ω 可调电阻、整流与滤波、单相自耦调压器等单元。

(3)单相智能功率、功率因数表(见附录一 D34-4)。

(4)整流电路有源功率因数校正(见附录一 DJK25):包括单相整流电路功率因数校正电路、功率因数校正控制器等单元。

(5)示波器、万用表。

五、注意事项

(1)整流电路输出接滤波电容时,注意电容极性,不能接反。

(2)整流电路输入电压为 80～130 V,最大负载为 100 W、200 V、0.5 A。

(3)读取 P、$\cos\varphi$ 数据时,应记录稳定后的数据。

(4)双踪示波器使用时注意两路输入信号公共点的选取。

六、实验方法

(一)无滤波电容的整流电路带纯电阻负载的测试

图 2-5-11 是整流电路输出侧无滤波电容带纯电阻负载实验接线图。负载选用 2 个 900 Ω 可调电阻并联。将电源侧的单相自耦调压器的输出调到最小。打开总电源开关,调节输入电压,用双踪示波器观察输入电压、输入电流及输出电压 U_o 的波形并记录输入功率、功率因数、输出电压、输出电流数值,将测试结果填入表 2-5-9 中。

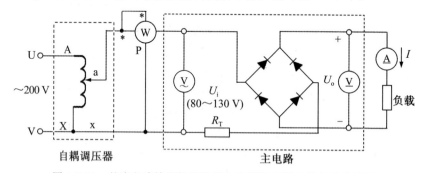

图 2-5-11　整流电路输出侧无滤波电容带纯电阻负载实验接线图

表 2-5-9

U_i/V	80	85	90	95	100	105	110
P/W							
$\cos\varphi$							
U_o							
I							

（二）有滤波电容的整流电路带纯电阻负载的测试

图 2-5-12 是整流电路输出侧有滤波电容带纯电阻负载实验接线图。连接实验线路时注意电解电容的极性不要接反，负载用 2 个 900 Ω 可调电阻并联。

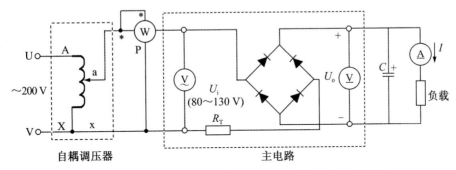

图 2-5-12 整流电路输出侧有滤波电容带纯电阻负载实验接线图

将单相自耦调压器的输出调到最小，打开电源开关，用双踪示波器观察输入电压、输入电流及输出电压 U_o 的波形并记录输入功率、功率因数、输出电压、输出电流数值，将测试结果填入表 2-5-10 中。

表 2-5-10

U_i / V	80	85	90	95	100	105	110
P/W							
$\cos\varphi$							
U_o							
I							

（三）整流电路有源功率因数校正的测试

图 2-5-13 是整流电路有源功率因数校正实验接线图。

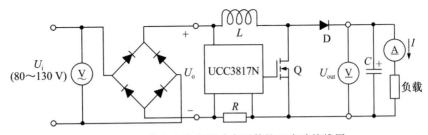

图 2-5-13 整流电路有源功率因数校正实验接线图

整流电路输入侧电路接线参照图 2-5-12，整流电路之后按照图 2-5-13 连接实验线路。将单相自耦调压器的输出调到最小，打开电源开关，调节输入电压，用双踪示波器观察整流电路输入电压、输入电流及输出电压 U_{out} 的波形并记录输入功率、功率因数、输出电压 U_{out}、输出电流 I 数值，将测试结果填入表 2-5-11 中。

表 2-5-11

U_i/V	80	85	90	95	100	105	110
P/W							
$\cos\varphi$							
U_{out}							
I							

七、实验报告要求

(1)绘出整流电路带纯电阻负载、带电容滤波阻性负载及带电容滤波阻性负载加功率因数校正装置 3 种情况下整流电路输入电压、输入电流和输出电压波形,并简要分析。

(2)总结整流电路有源功率因数校正电路的工作原理和结构。

(3)分析整流电路有源功率因数校正电路的工作原理及主要组成部分。

(4)根据实验结果,讨论当输入交流电压在一定范围内变化时,输出直流电压为什么会保持不变。

实验十三　　DSP 控制功率因数校正实验(C 语言版)

一、实验目的

(1)掌握单相升压式高频有源功率因数校正原理。

(2)了解如何使用 DSP 以及 PWM 控制开关占空比。

二、实验内容

(1)连接实验电路,烧录程序。

(2)运行功率因数校正程序,观测主电路输入电压、电流波形。

三、原理说明

实验原理参见第二章实验十二整流电路有源功率因数校正实验。

四、实验设备

(1)电源控制屏 DZ01:包括三相电源输出、励磁电源等单元。

(2)研究型开关电源技术实验组件 PEC08:包括 DSP 控制器、开关电源和功率因数校正等主电路等。

(3)单相调压与可调负载(见附录一 DJK09):包括 90 Ω 可调负载、整流与滤波、单相自耦调压器等单元。

(4)变压器(见附录一 DJKA10):包括隔离变压器等单元。

(5)USB 转 RS232 串口线。

(6)电脑(用户自备,安装有上位机软件)

(7)D42 三相可调电阻。

五、注意事项

(1)注意输入交流电压在指定的范围之内(28～35 V),所接负载为 270 Ω 左右,否则可能会因为反馈量与给定相差太大而导致校正失败。

(2)当控制面板上的"警告"灯亮起时,表示电压或电流过大,此时要将直流输入电压减少到零,检查设备,待故障排除后,重新做实验。

(3)每做完一个实验,必须通过配套的上位机"停止"键来停止电路的工作后,方可进行下一个实验。

(4)每个变换电路包括的输入,必须是经过隔离变压器的,同时观测波形的示波器电源要接到经过隔离变压器隔离的示波器专用插座上,否则可能损坏设备。

六、实验方法

(1)检查确认控制屏 DJK01 上的三相总电源开关是否打到"关"侧,将 DJK09 挂件上的单相自耦调压器调到最小。

(2)首先用实验导线将实验屏上的三相隔离变压器电压输出端 U、V、W 依次接入 DJK10 型挂件三相芯式变压器模块的输入端 A、B、C,并将三相芯式变压器模块的 X、Y、Z 两两短接。再将三相芯式变压器模块的输出端 X_m、Y_m、Z_m 两两短接,将三相芯式变压器模块的输出端 A_m、B_m 分别连接到 DJK09 的单相自耦调压器的输入端 A、B,将自耦调压器输出端 a、b 接到 PEC08 功率因数校正的 U_i 输入端,将 D42 的三相可调电阻串联成 270 Ω,接到功率因数校正的负载 R_L 两端(见图 2-5-14)。

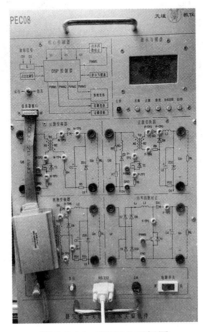

图 2-5-14　PEC08 面板图

（3）PEC08 型挂件上的钮子开关拨到"运行"模式，用 USB 转 RS232 串口线连接 PC 和 PEC08 型挂件上的 RS232 串口。

（4）打开控制屏 DJK01 上的电源总开关，按控制屏上的"启动"按钮，三相隔离变压器得电。

（5）打开 PEC08 电源开关，液晶屏开始有显示。

（6）烧录程序如下：

第一，打开 CCS-6.2 软件。

第二，在工具栏中选择"project-Import CCS Projects"。

第三，点击"Browse"，选择程序保存目录，如"D:/PEC08/实验程序/CCS6.2_program/PEC08 flash"（程序即 PEC08 flash，需要先解压在英文路径下）。

第四，点击工具栏上的"🔧"进行编译。

第五，编译无误后，点击工具栏上的"⚙"，下载程序，进入 debug 界面。

第六，点击工具栏上的"▷"，运行程序。运行之后点击"🖳"，断开仿真器。

（7）打开配套的上位机软件（开关电源技术实验监控软件），选择对应的计算机通信接口。查看接口方式：计算机（右击）—管理—设备管理器—端口—USB Series Port。

（8）控制方式选择"功率因数"，点击"确认"，如图 2-5-15 所示。

（9）调节调压器，使 U_i 输入为 30 V 左右。

（10）按上位机"启动"按钮，电路开始工作。上位机数据选择器 1 选择"电压"，数据选择器 1 选择"电流"，记录此时的波形。参考波形如图 2-5-16 所示。

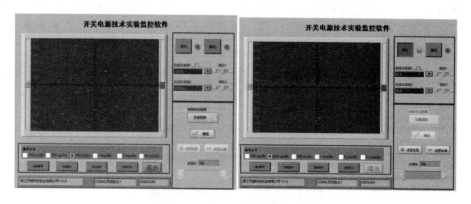

图 2-5-15　控制界面　　　　　　图 2-5-16　电压、电流参考波形

（11）实验结束后，按上位机"停止"按钮，DSP 停止发出 PWM 脉冲，按上位机"复位"按钮进入控制方式选择界面。

（12）点击 CCS 工具栏上的"■"，结束程序运行。

（13）将调压器调到最小，关闭 PEC08 电源开关，整理好实验导线，摆放整齐。

（14）按控制屏上的"停止"按钮，关闭控制屏上的总电源开关。

七、实验报告要求

分析升压式高频有源功率因数校正的工作原理，记录实验过程中的波形，总结实验方法。

第三章　电力电子自动控制系统实验

第一节　直流电动机调速系统实验

一、直流调速系统的可控直流电源

调压调速是直流调速系统的主要方法,而调节电枢电压需要有专门向电动机供电的可控直流电源。常用的可控直流电源有 3 种。

(1)旋转变流机组:用交流电动机和直流发电机组成机组,以获得可调的直流电压。

(2)静止式可控整流器:用静止式的可控整流器,以获得可调的直流电压。

(3)直流斩波器或脉宽调制变换器:用恒定直流电源或不控整流电源供电,利用电力电子开关器件斩波或进行脉宽调制,以产生可变的平均电压。

本节实验主要采用静止式可控整流器或脉宽调制变换器获得可调直流电压。

(1)晶闸管—电动机调速系统通过调节触发装置的控制电压来改变触发脉冲的相位,从而改变整流平均电压,实现平滑调速。晶闸管整流装置在经济性、可靠性、技术性等方面都有较大的优越性。晶闸管—电动机调速系统目前主要用于大容量系统。

(2)直流脉宽调速系统具有主电路线路简单、开关频率高、调速范围宽、动态响应快、抗扰能力强、功率器件导通损耗小等特点。直流 PWM 调速系统作为一种新技术,应用日益广泛,已成为中小容量系统的主要直流调速方式。

二、晶闸管可控整流器供电的直流调速系统(V-M 系统)

图 3-1-1 是晶闸管—电动机调速系统原理图,其中 VT 是晶闸管可控整流器,通过调节触发装置的控制电压 U_c 来移动触发脉冲的相位,即可改变平均整流电压 U_d 以实现电动机调速。

由于晶闸管的单向导电性,电流不能反向,因此系统不能实现可逆运行。采用正、反两组全控整流电路可以实现电动机四象限运行。

直流调速的目的是调转速。转速 n 与转矩 T_e 或电流 I 的关系称为"机械特性"。主要调速方式是调端电压。V-M 系统的机械特性特点是电流连续时特性较硬,电流断续时电动机的理想空载转速抬高,机械特性变软,即负载电流变化很小也可以引起很大的转速变化。随着触发角的增大,进入断续区的电流值加大。

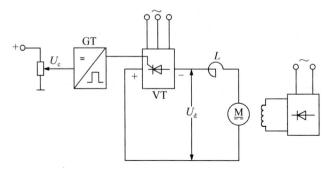

图 3-1-1 晶闸管—电动机调速系统原理图

分析 V-M 系统时,可以把晶闸管触发和整流装置当作系统中的一个环节来看待。应用线性控制理论进行直流调速系统分析或设计时,须事先求出这个环节的放大系数和传递函数。

整流装置输出的脉动电流会产生脉动转矩,对生产机械不利,也增加了电动机的发热,需通过设置平波电抗器等措施来抑制电流脉动。

三、直流脉宽调速系统

采用脉冲宽度调制控制方式的脉宽调制变换器—直流电动机调速系统,简称“直流脉宽调速系统”,即直流 PWM 调速系统。

PWM 变换器的作用:用 PWM 调制的方法,把恒定的直流电源电压调制成频率一定、宽度可变的脉冲电压系列,从而可以改变平均输出电压的大小,以调节电动机转速。PWM 变换器电路有多种形式,主要分为不可逆与可逆两大类。本节主要介绍 H 型主电路结构双极式控制方式的 PWM 可逆直流调速系统实验。

PWM 变换器的直流电源通常由交流电网和不可控的二极管整流器产生,并采用大电容 C 滤波,以获得恒定的直流电压,电容 C 同时对电感负载的无功功率起储能缓冲作用。

四、反馈控制闭环直流调速系统

反馈闭环控制的优越性:闭环系统静特性可以比开环系统机械特性硬很多;闭环系统的静差率比开环系统小很多;如果所要求的静差率一定,闭环系统可以大大提高调速范围,但闭环系统需增设电压放大器以及检测与反馈装置。

采用转速负反馈和 PI 调节器的单闭环直流调速系统可以在保证系统稳定的前提下实现转速无静差。但是如果对系统的动态性能要求较高,需要获得一段使电流保持为最大值的恒流过程,因此可采用电流负反馈来得到近似的恒流过程。为了实现转速和电流两种负反馈分别起作用,在系统中设置两个调节器分别调节转速和电流。

转速、电流双闭环控制的直流调速系统是性能良好、应用最广的直流调速系统。为了获得良好的动、静态性能,转速和电流两个调节器一般都采用 PI 调节器。双闭环调速系统具有比较满意的动态性能,包括抗负载扰动和抗电网电压扰动。

五、直流调速系统的数字控制

模拟控制系统所用的调节器均用运算放大器实现。模拟系统具有物理概念清晰直观等优点,但其控制系统硬件电路复杂、通用性差,控制效果受器件性能、环境温度等因素影响较大。

计算机数字控制是现代电力拖动控制的主要手段,其控制系统稳定性好,可靠性高,其控制软件能够进行逻辑判断和复杂运算,可以实现自适应、智能化等控制规律,更改灵活方便。

本节介绍直流电动机调速系统实验,包括晶闸管直流调速系统参数和基本环节特性的测定实验;转速、电流双闭环不可逆直流调速系统实验;逻辑无环流可逆直流调速系统实验;双闭环控制可逆直流脉宽调速系统实验;直流调速计算机控制系统实验。

实验一　晶闸管直流调速系统参数和基本环节特性的测定实验

一、实验目的

(1)熟悉晶闸管直流调速系统的组成及其基本结构。
(2)掌握晶闸管直流调速系统参数及反馈环节测定方法。

二、实验内容

(1)测定晶闸管直流调速系统主电路电感值 L。
(2)测定晶闸管直流调速系统主电路总电阻值 R。
(3)测定直流电动机—直流发电机—测速发电机组的飞轮惯量 GD^2。
(4)测定晶闸管直流调速系统主电路电磁时间常数 T_l。
(5)测定直流电动机电动势系数 C_e 和转矩系数 C_m。
(6)测定晶闸管直流调速系统机电时间常数 T_m。
(7)测定晶闸管触发及整流装置输入—输出特性 $U_d = f(U_c)$。
(8)测定测速发电机特性 $U_{TG} = f(n)$。

三、原理说明

实验系统的原理图如图 3-1-2 所示。晶闸管—电动机系统主要由晶闸管整流调速装置、平波电抗器、电动机—发电机组等组成。在本实验中,整流装置的主电路为三相桥式全控整流电路,控制电路直接由给定电压 U_g 作为触发器的移相控制电压 U_c,改变给定电压的大小即可改变控制角 α,从而获得可调的直流电压和转速,以满足实验要求。

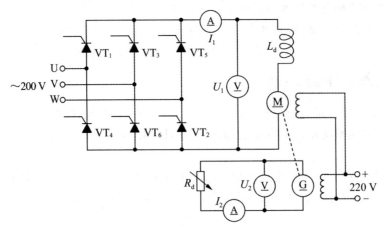

图 3-1-2　晶闸管直流调速系统原理图

为研究晶闸管—电动机系统,须首先了解主电路的总电阻 R、总电感 L 以及电枢回路电磁时间常数 T_l 与机电时间常数 T_m,这些参数均需通过实验手段来测定。利用测出的系统参数,并根据系统要求,设计电流调节器和速度调节器,建立转速、电流双闭环直流调速系统数学模型,利用 Matlab 仿真软件,可以检验调节器参数是否满足系统要求,为设计双闭环直流调速系统做好准备。

图 3-1-3 是转速、电流双闭环直流调速系统的动态结构框图。

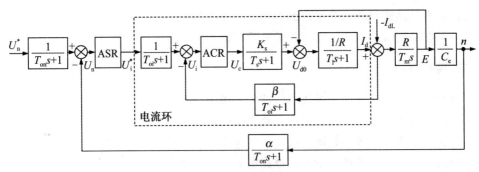

图 3-1-3　转速、电流双闭环直流调速系统的动态结构框图

图中转速调节器 ASR 和电流调节器 ACR 的传递函数分别由 $W_{ASR}(s)$ 和 $W_{ACR}(s)$ 来表示。如果采用 PI 调节器,则有:

$$W_{ASR}(s)=K_n \frac{\tau_n s+1}{\tau_n s}$$

$$W_{ACR}(s)=K_i \frac{\tau_i s+1}{\tau_i s}$$

图 3-1-3 中,T_{on} 为转速反馈滤波时间常数,T_{oi} 为电流反馈滤波时间常数。T_{on}、T_{oi} 数值参照附录一或附录二中调节器输入侧器件参数计算。

转速调节器在双闭环直流调速系统中的作用为:

(1)转速调节器使转速 n 跟随给定电压变化,稳态时可减小转速误差。如果采用 PI

调节器,则可实现无静差。

(2)对负载变化起抗扰作用。

(3)其输出限幅值决定电动机允许的最大电流。

电流调节器的作用为:

(1)使电流紧紧跟随其给定电压(即外环调节器的输出量)变化。

(2)对电网电压的波动起及时抗扰的作用。

(3)在转速动态过程中,获得电动机允许的最大电流,加快动态过程。

(4)当电动机过载甚至堵转时,限制电流的最大值,起快速的自动保护作用。

四、实验设备

(1)电源控制屏 DZ01(电源控制屏 NMCL-Ⅲ):包括三相电源输出、交直流电压表和电流表、励磁电源等单元。

(2)晶闸管主电路和触发电路(见附录一 DJK02、DJK02-1):包括晶闸管主电路、触发电路、功放电路等单元。

(3)直流调速控制(见附录一 DJK04 或附录二 NMCL-18F):包括速度变换、电流反馈与过流保护、转速调节器、电流调节器等单元。

(4)实验机组:直流并励电动机[$P_N = 185$ W、$U_N = 220$ V、$I_N = 1.2$ A(1.1 A)、$n_N = 1600$ r/min、$U_{fN} = 220$ V、$I_{fN} < 0.13$ A]、负载直流发电机[$P_N = 220$ W(100 W)、$U_N = 200$ V、$I_N = 1.1$ A(0.5 A)、$n_N = 1600$ r/min]、光码盘测速系统及数显转速表、导轨。

(5)三相可调电阻。

(6)示波器、万用表。

五、注意事项

(1)在触发电路调试正常后,方可闭合主电路电源开关。

(2)实验时,可先用电阻作为整流桥的负载,待确定电路能正常工作后,再换成电动机作为负载。

(3)实验时,由于晶闸管整流装置处于开环工作状态,电压和电流可能有些波动,读取数据时可取上限、下限或平均值,但每次取法必须一致。

(4)电动机堵转时,大电流测量的时间要短,以防电动机过热。

(5)除了突加阶跃给定电压以外,给定电压须慢慢增加,以防电枢中产生过大的冲击电流。每次启动电动机前,给定电位器必须退回到零位,才允许合上电源开关和给定开关,以防过流。

(6)实验中变阻器电阻应放在最大值处,然后按需要逐步减小阻值,以防过流。在用伏安比较法测量电阻时,应先把开关 S_2 合上,然后调节变阻器 R_2,使电流为(80%~90%)I_N。若先把开关 S_2 断开再调节变阻器 R_2,使电流为(80%~90%)I_N,则当开关 S_2 合上时会造成电枢电流超过额定值,不利于设备安全。

(7)用电流波形法测定电枢回路电磁时间常数 T_l 时,实际电流会有较大脉动,计算时应取平均值。

（8）由于实验装置上的过流保护整定值的限制，在进行系统机电时间常数测定的实验中，其电枢电压不能加得太高。在有突加给定电压的测量时，尽量将给定电压调到一个较合适的幅值。

（9）在同步信号的触发角校正后，实验过程不应再校正，否则实验结果无效。

（10）调节测速电动机输出电阻将改变转速的放大倍数，调节三相输入电压将影响电枢电压对给定电压的放大倍数。

六、实验方法

（一）实验准备工作

（1）打开实验台总电源开关，观察输入的三相电网电压是否平衡，确认电源相序正确；调电源侧调压器使三相电源输出电压为 200 V。

（2）调整晶闸管触发电路。按照第二章实验四相桥式全控整流电路实验原理图接好主电路和控制电路，控制电路 DJK04 给定电压 U_g 直接接到 DJK02-1 移相控制电压 U_c 端，用示波器观察六触发脉冲输出是否正常。主电路接电阻（两个 900 Ω 电阻并联），接通三相桥式全控整流电路主电路和控制电路开关，观测移相控制电压 $U_c = 0$ 时，整流输出电压 U_d 是否为 0，如果不等于零，则调节晶闸管触发电路上的偏移电压电位器，找到触发角 α 的真实零位，使 $U_c = 0$ 时 $U_d = 0$。然后逐渐增加控制电压 U_c，观测输出电压能否达到理论最大值，并用示波器观察整流电压输出波形是否正常。

（二）主电路总电阻 R 的测定

主电路总电阻 R 包括电动机的电枢电阻 R_a、平波电抗器 L 的电阻 R_L（平波电抗器电感选用 200 mH）及整流装置的内阻 R_{rec}，即 $R = R_a + R_L + R_{rec}$。

由于各个电阻阻值较小，并且小电流检测接触电阻影响较大，因此不宜用欧姆表或电桥测量，这种情况常用直流伏安法测量。测量晶闸管整流装置的内阻需测量整流装置的理想空载电压 U_{d0}，为此采用伏安比较法测量，实验线路如图 3-1-4 所示。

按照图 3-1-4 接好实验电路，图中有晶闸管符号的方框代表三相桥式全控整流电路。将变阻器 R_1 和 R_2（R_1、R_2 由电阻箱上的两个 900 Ω 并联得到）接入系统主电路，测试时电动机不加励磁，并使电动机堵转。

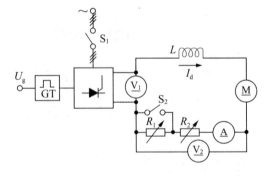

图 3-1-4　伏安比较法实验线路图

合上主电源开关 S_1、控制回路给定开关和测试开关 S_2，调节给定电压 U_g 使整流装置输出电压 $U_d = (30\% \sim 70\%) U_N$（读取电压表 V_1 的示数约为 100 V），然后调整变阻器 R_2 使电枢电流为 $(80\% \sim 90\%) I_N$（约 1 A），读取电流表 A 和电压表 V_2 的数值分别为 I_1、U_1，并记录 U_g 数值，整流装置的理想空载电压为：$U_{d0} = I_1 R + U_1$。

断开主电路电源，用万用表测量电阻 R_2 的数值。调节 R_1 使之与 R_2 电阻值近似相等,断开开关 S_2,合上主电源开关 S_1,在理想空载整流电压近似不变的前提下(给定电压 U_g 保持不变),读取电流表 A、电压表 V_2 的数值 I_2、U_2,则 $U_{d0} = I_2 R + U_2$。将实验数据填入表 3-1-1 中。

消去上面两式中的 U_{d0},即得主电路总电阻。

$$R = \frac{U_2 - U_1}{I_1 - I_2}$$

若把电动机电枢两端用导线短接,然后重复上述实验,则可求得:

$$R_{rec} + R_L = \frac{U_2' - U_1'}{I_1' - I_2'}$$

由此得出电动机的电枢电阻为:

$$R_a = R - (R_{rec} + R_L)$$

同样若仅短接平波电抗器两端,则可以求得平波电抗器的直流电阻 R_L。

根据前面测试结果可求晶闸管整流装置的电源内阻为:

$$R_{rec} = R - (R_a + R_L)$$

为了计算方便,将上述实验所测量的数据填入表 3-1-1 中。

表 3-1-1

实验电路接线	没有短接项		电动机电枢短接		电抗器短接	
	S_2 闭合	S_2 断开	S_2 闭合	S_2 断开	S_2 闭合	S_2 断开
电压表 V_2 示数	$U_1=$	$U_2=$	$U_1=$	$U_2=$	$U_1=$	$U_2=$
电流表 A 示数	$I_1=$	$I_2=$	$I_1=$	$I_2=$	$I_1=$	$I_2=$

(三)主电路总电感 L 的测定

主电路总电感包括电动机的电枢电感 L_a、平波电抗器电感 L_L 和整流变压器 TR 的漏感 L_{TR},由于 L_{TR} 的数值很小,可以忽略,故主电路的等效总电感为:

$$L = L_a + L_L$$

测量电感的数值采用交流伏安法。实验时给电动机加额定励磁,并使电动机堵转。实验线路如图 3-1-5 所示。

实验时要保证交流电源输出电压有效值小于电动机直流电压额定值。调整变压器,使交流输出电压约为 60 V,用交流电压表 V 和交流电流表 A 分别测出电动机电枢两端和电抗器两端

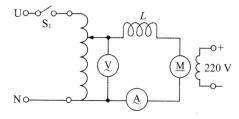

图 3-1-5 交流伏安法实验线路图

的电压值 U_a、U_L,以及电流 I,由此得到交流阻抗 Z_a 和 Z_L,并计算出电感值 L_a 和 L_L,计算公式如下:

$$Z_a = \frac{U_a}{I} = \qquad\qquad Z_L = \frac{U_L}{I} =$$

$$L_a = \frac{\sqrt{Z_a^2 - R_a^2}}{2\pi f} = \qquad\qquad L_L = \frac{\sqrt{Z_L^2 - R_L^2}}{2\pi f} =$$

（四）电枢回路电磁时间常数 T_l 的测定

1.计算法

根据已经测出的回路电阻和电感计算电磁时间常数。

电动机电枢电磁时间常数为：

$$T_{la} = \frac{L_a}{R_a}$$

电枢回路电磁时间常数为：

$$T_l = \frac{L_a + L_L}{R_a + R_L + R_{rec}}$$

2.电流波形法

利用电流波形法测定电枢回路的电磁时间常数 T_l。当电枢回路突加给定电压时，由于回路中存在电感，电流不能突变，按指数规律上升：

$$i_d = I_d(1 - e^{-\frac{t}{Tl}})$$

电流变化曲线如图 3-1-7 所示。

当 $t = T_l$ 时，$i_d = I_d(1 - e^{-1}) = 0.632\,I_d$。

按照图 3-1-6 接好实验线路，在电动机不加励磁的情况下，控制回路直接用给定电压 U_g 作为触发器的移相控制电压 U_c，调节给定电压 U_g 使电动机电枢电流为（50%～90%）I_N，然后保持 U_g 不变，将给定开关拨至接地位置，然后拨动给定开关从接地到正电压阶跃信号，用数字示波器记录 $i_d = f(t)$ 波形，在波形图上测量出当电流上升至稳定值的 63.2% 时的时间，即为电枢回路的电磁时间常数 T_l。

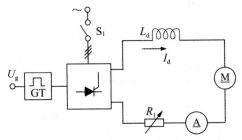

图 3-1-6　电流波形法测定 T_l 实验线路图

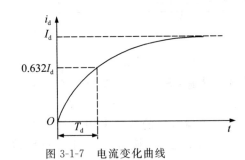

图 3-1-7　电流变化曲线

（五）直流电动机—发电机—测速发电机组飞轮惯量 GD^2 的测定

电力拖动系统的运动方程式为：

$$T_e - T_L = \frac{GD^2}{375}\frac{dn}{dt}$$

式中：T_e 为电动机的电磁转矩（N·m），T_L 为负载转矩（空载时即为空载转矩 T_{L0}，N·m），n 为电动机转速（r/min）。

当电动机空载自由停车时，$T_e = 0$，$T_L = T_{L0}$，则，

$$T_{L0} = -\frac{GD^2}{375}\frac{dn}{dt}$$

则：

$$GD^2 = \frac{375T_{L0}}{\left|\dfrac{\mathrm{d}n}{\mathrm{d}t}\right|}$$

空载转矩 T_{L0} 可通过测定机组在不同转速 n 下的电枢电压 U_a 与空载电流 I_0，再计算空载功耗 P_0 后求得，即：

$$P_0 = (U_a I_0 - I_0^2 R_a) \times 10^{-3}$$

$$T_{L0} = \frac{9550 P_0}{n}$$

$\dfrac{\mathrm{d}n}{\mathrm{d}t}$ 值可以从自由停车时所得到的曲线 $n = f(t)$ 求得。

实验线路如图 3-1-8 所示。

按图 3-1-8 接线，打开励磁开关，给定电压调到零，打开主电路电源开关，调节电源输出电压为 200 V。

电动机导轨上的测速机输出电压接至控制电路挂件 DJK04 上的"转速变换"单元输入端，将示波器探头接"转速变换"单元输出端。

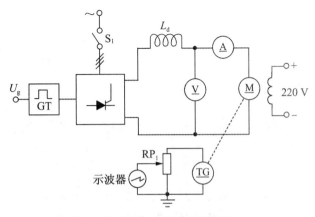

图 3-1-8　测定 GD^2 实验线路图

调节给定电压，将电动机空载启动到稳态转速后，测量电枢电压 U_a 和空载电流 I_0，然后断开给定电压 U_g 开关，用数字示波器记录自由停车时 $n = f(t)$ 曲线，用光标读取 $\dfrac{\mathrm{d}n}{\mathrm{d}t}$ 值。由于空载转矩不是常数，可以求取几组对应于相应转速的 T_{L0} 和 $\dfrac{\mathrm{d}n}{\mathrm{d}t}$，最后计算出不同转速下的 GD^2，然后求其平均值。

实验数据记录在表 3-1-2 中。

表 3-1-2

给定电压 U_g/V				
电枢电压 U_a/V				
空载电流 I_0/A				
转速 $\mathrm{d}n$/(r/min)				
时间 $\mathrm{d}t$/min				

（六）直流电动机电动势系数 C_e 和转矩系数 C_m 的测定

将电动机加额定励磁，使其空载运行，改变电枢电压 U_a，测得相应的 n 即可由下式算出 C_e：

$$C_e = K_e\Phi = \frac{U_{a2} - U_{a1}}{n_2 - n_1}$$

式中:C_e 的单位为 V/(r/min)。

也可以利用表 3-1-2 测定的空载损耗的数据,对应所选择的转速区段,求得电动机的电动势系数。

转矩系数 C_m 的单位为(N·m)/A。C_m 可由 C_e 求出:

$$C_m = 9.55C_e$$

(七)晶闸管直流调速系统机电时间常数 T_m 的计算

系统的机电时间常数可由下式计算:

$$T_m = \frac{GD^2 R}{375C_e C_m}$$

当 $T_m \gg T_l$ 时,可以近似地把系统看成一阶惯性环节,则,

$$n = \frac{K}{T_m s + 1} U_d$$

当电枢突加给定电压(加小给定电压,电动机运行在低转速不易过流)时,转速 n 将按指数规律上升。当 n 达到稳态值的 63.2% 时,所经过的时间即为系统的机电时间常数 T_m。

测试线路如图 3-1-8 所示,测试时电枢回路附加电阻全部切除。突然给电枢加电压,用数字示波器记录过渡过程曲线 $n = f(t)$,即可确定机电时间常数。

突加电枢电压时,可以将电动机空载启动至稳定转速后,关断给定电压钮子开关再突然打开,用示波器记录转速上升的过渡过程,将波形固定,用示波器光标测量法测出机电时间常数 T_m。

(八)晶闸管触发及整流装置特性 $U_d = f(U_c)$ 和测速发电机特性 $U_{TG} = f(n)$ 的测定

实验线路如图 3-1-8 所示,触发电路控制电压 U_c 与给定电压 U_g 连接,电动机加额定励磁,逐渐增加 U_g,即增加 U_c,用万用表测量并读取对应的 U_c、U_{TG}、U_d 和 n 的数值若干组,即可描绘出 $U_d = f(U_c)$ 和 $U_{TG} = f(n)$ 的特性曲线。

由 $U_d = f(U_c)$ 的特性曲线可求取晶闸管整流装置的放大倍数曲线 K_s。由 $U_{TG} = f(n)$ 的特性曲线可求取转速放大倍数 K_n。由于输出特性存在非线性现象,计算 K_s 和 K_n 时,可取曲线上相应工作段的数值,则,

$$K_s = \frac{\Delta U_d}{\Delta U_c}$$

$$K_n = \frac{\Delta U_{TG}}{\Delta n}$$

实验数据填入表 3-1-3 中。

表 3-1-3

U_c/V							
U_{TG}/V							
U_d/V							
$n/(r/min)$							
U_c/V							
U_{TG}/V							
U_d/V							
$n/(r/min)$							

七、实验报告要求

(1)根据所测实验数据,计算直流调速系统各参数;画出 $U_d = f(U_c)$ 和 $U_{TG} = f(n)$ 的特性曲线。

(2)利用实验测出的系统参数设计转速、电流双闭环晶闸管不可逆直流调速系统的电流调节器和速度调节器,画出双闭环直流调速系统的数学模型。

实验二　转速、电流双闭环不可逆直流调速系统实验

一、实验目的

(1)了解转速、电流双闭环不可逆直流调速系统的组成。

(2)掌握双闭环不可逆直流调速系统的调试及参数整定方法。

(3)测定双闭环不可逆直流调速系统的静态和动态性能及其指标。

(4)了解调节器参数对系统动态性能的影响。

二、实验内容

(1)各控制单元调试。

(2)测定电流反馈系数 β 和转速反馈系数 α。

(3)测定开环机械特性及高、低转速时系统静态特性 $n = f(I_d)$。

(4)测定闭环控制特性 $n = f(U_g)$。

(5)观察、记录系统动态波形。

三、原理说明

许多生产机械,由于加工和运行的要求,经常使电动机处于启动、制动、反转的过渡过程中,因此,启动和制动过程的时间在很大程度上决定了生产机械的生产效率。为缩短这一部分时间,仅采用 PI 调节器的转速反馈单闭环调速系统的性能还不很令人满意。双闭

环直流调速系统的特征是系统的电流和转速分别由两个调节器控制,可获得良好的静、动态性能。由于调速系统调节的主要参量是转速,故转速环作为主环放在外面,而电流环作为副环放在里面,这样可以及时抑制电网电压扰动对转速的影响。

本实验的内容包括整定触发单元并确定其起始移相控制角,调试速度调节器(ASR)和电流调节器(ACR),整定其输出限幅值;测定电流反馈系数 β 和转速反馈系数 α,整定过流保护动作值;测定系统开环机械特性及高、低转速时系统静态特性 $n = f(I_d)$;测定闭环控制特性 $n = f(U_g)$;观察、记录系统动态波形。

实验系统的组成如图 3-1-9 所示,实验设备使用 DZSZ-1A 型时参照图 3-1-9(a),使用 NMCL 型时参照图 3-1-9(b)。图中所示控制电路由给定电压(G)、速度调节器(ASR)、电流调节器(ACR)、零速封锁器(DZS)、脉冲移相触发控制器(GT)、电流反馈与过流保护(FBC+FA)、转速变换器(FBS)等组成。

主电路采用三相桥式全控整流电路供电。系统工作时,首先给电动机加上额定励磁,改变给定电压 U_g 的大小即可方便地调节电动机的转速。ACR、ASR 均设有限幅电路,ASR 的输出作为 ACR 的给定电压,利用 ASR 的输出限幅起限制启动电流的作用。ACR 的输出作为触发电路的控制电压 U_c,利用 ACR 的输出限幅起限制 $\alpha_{\max}$ 的作用。

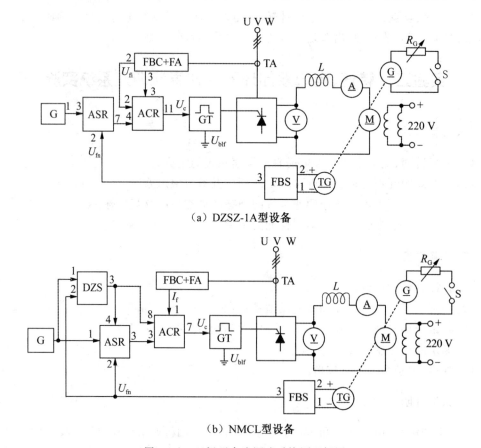

(a) DZSZ-1A型设备

(b) NMCL型设备

图 3-1-9　双闭环直流调速系统原理框图

当突加给定电压 U_g 时，ASR 和 ACR 即以饱和限幅值输出，使电动机以限定的最大启动电流加速启动，直到电动机转速达到给定转速（即 $U_n = U_{fn}$），并出现超调，使 ASR 和 ACR 退出饱和，最后稳定运行在给定转速（或略低于给定转速）上。DZSZ-1A 型设备控制电路 DJK04 面板上的调节器 I 作为 ASR 使用，调节器 II 作为 ACR 使用。

多环调速系统调试的基本原则：先单元、后系统，即先将各环节的特性调好，然后才能组成系统；先开环、后闭环，即先使系统能正常开环运行，然后在确定电流和转速均为负反馈后组成闭环系统；先内环、后外环，即闭环调试时，先调电流内环，然后再调转速外环；先调整稳态精度，后调整动态指标。

四、实验设备

(1) 电源控制屏 DZ01（或 NMCL）：包括三相电源输出、励磁电源等单元。

(2) 晶闸管主电路和触发电路（见附录一 DJK02、DJK02-1 或附录二 NMCL-33F）：包括晶闸管主电路、触发电路、功放电路等单元。

(3) 直流调速控制（见附录一 DJK04 或附录二 NMCL-18F）：包括速度变换、电流反馈与过流保护、转速调节器、电流调节器等单元。

(4) 实验机组 DZSZ-1A（或 NMCL）：包括直流并励电动机[$P_N = 185$ W、$U_N = 220$ V、$I_N = 1.2$ A(1.1 A)、$n_N = 1600$ r/min、$U_{fn} = 220$ V、$I_{fn} < 0.13$ A]、负载直流发电机[$P_N = 220$ W(100 W)、$U_N = 200$ V、$I_N = 1.1$ A(0.5 A)、$n_N = 1600$ r/min]、光码盘测速系统及数显转速表、导轨等单元。

(5) 电流、速度调节器外接电阻、电容（见附录一 DJK08 或附录二 NMCL-18F）。

(6) 三相可调电阻。

(7) 示波器、万用表。

五、注意事项

(1) 电动机启动前，应先加上电动机的励磁，才能使电动机启动。在启动前必须将移相控制电压调到零，使整流输出电压为零，才可以逐渐加大给定电压。不能在开环或速度闭环时突加给定电压，否则会引起大的启动电流，使过流保护动作，报警，跳闸。

(2) 通电实验时，可先用电阻作为整流桥的负载，待确定电路能正常工作后，再换成电动机作为负载。

(3) 在连接反馈信号时，给定信号的极性必须与反馈信号的极性相反，确保为负反馈，否则会造成失控。闭环系统测试时，若稍加给定电压，电动机转速即达最高转速且调节给定电压不可控，则表明速度反馈极性有误。

(4) 直流电动机的电枢电流不要超过额定值使用，转速也不要超过 1.2 倍的额定值。以免影响电动机的使用寿命，或发生意外。

(5) 注意控制面板上各单元和移相触发电路的共地问题。

(6) 实验方法中接线端或实验参数适用于 DZSZ-1A 型设备，括号中注明的接线端和参数适用于 NMCL 型设备。

六、实验方法

（一）触发电路调试

方法同第二章实验三三相半波可控整流电路实验。

（二）各控制单元参数整定和调试

1.移相控制电压 U_c 调节范围的确定

直接将给定电压 U_g 接入三相桥式全控整流电路的触发电路移相控制电压 U_c 的输入端，脉冲放大电路中 U_{lf}（或 U_{blf}）端接地。将两个900 Ω电阻并联接至三相桥式全控整流电路输出端。当调节给定电压 U_g 使之由零增加时，U_d 将随给定电压的增大而增大。当 U_g 超过某一数值时，此时 U_d 接近为输出最高电压值 U'_d。一般可确定三相全控整流输出允许范围的最大值为 $U_{dmax}=0.9U'_d$。减小给定电压使三相全控整流输出等于 U_{dmax}，将此时对应的给定电压 U'_g 的数值记录下来，$U_{cmax}=U'_g$，即给定电压的允许调节范围为 $0\sim U_{cmax}$。如果把输出限幅定为 U_{cmax}，则三相全控整流输出范围就被限定，不会工作到极限值状态，保证六个晶闸管可靠工作，记录各实验参数于表 3-1-4 中。将给定电压退到零，再按下"停止"按钮。

表 3-1-4

U'_d	
$U_{dmax}=0.9U'_d$	
$U_{cmax}=U'_g$	

2.调试调节器（调节器Ⅰ为 ASR；调节器Ⅱ为 ACR）

（1）DZSZ-1A 型设备调节器调试方法

调节器的调零：断开主电路电源开关，将 DJK04 控制单元的 ASR 所有输入端接地，再将控制单元 DJK08 中的可调电阻 120 kΩ 接到 ASR 的"4""5"两端，将"5""6"短接，使 ASR 成为 P（比例）调节器。用万用表测量 ASR 的"7"端电压，调节 ASR 面板上的调零电位器 RP_3，使之电压尽可能接近于零。将 ACR 所有输入端接地，再将控制单元 DJK08 的可调电阻13 kΩ接到 ACR 的"8""9"两端，将"9""10"短接，使 ACR 成为 P 调节器。用万用表测量 ACR 的"11"端，调节 ACR 面板上的调零电位器 RP_3，使之输出电压尽可能接近于零。

调节器正、负限幅值：把 ASR 的"5""6"短接线去掉，将控制单元 DJK08 的可调电容 0.47 μF 接入"5""6"两端，使调节器成为比例积分（PI）调节器，将 ASR 所有输入端的接地线去掉，将给定电压 U_g 接到 ASR 的"3"端，调节给定电位器。当给定电压 U_g 为 +5 V 时，调整 ASR 的负限幅电位器 RP_2，使之输出电压为 −6 V；当给定电压 U_g 为 −5 V 时，调整 ASR 的正限幅电位器 RP_1，使之输出电压尽可能接近于零。

把 ACR 的"9""10"短接线去掉，将控制单元中的可调电容 0.47 μF 接入"9""10"两端，使调节器成为 PI 调节器，将 ACR 的所有输入端的接地线去掉，将给定电压 U_g 接到 ACR

的"4"端。当给定电压 U_g 为 $+5$ V时,调整 ACR 的负限幅电位器 RP_2,使之输出电压尽可能接近于零;当给定电压 U_g 为 -5 V时,调整 ACR 的正限幅电位器 RP_1,使 ACR 的输出正限幅为 U_{cmax}。

(2)NMCL 型设备调节器正、负限幅值的调试方法

按照图 3-1-9 连接好控制电路部分各单元之间的线路,给定电压电位器调至最小,DZS 单元钮子开关拨至"解除",将 ASR 单元的电位器 RP_3 逆时针旋到底,使调节器放大倍数最小。ASR 的"5""6"端接7 μF电容,调节给定电位器。当给定电压 U_g 为 $+1$ V时,调节 ASR 的负限幅电位器 RP_2,使之输出电压为 -6 V;当给定电压 U_g 为 -1 V时,调整 ASR 的正限幅电位器 RP_1,使之输出电压尽可能接近于零。

ACR 的"9""10"两端接1.5 μF电容,使调节器成为 PI 调节器,将给定电压 U_g 接到 ACR 的"3"输入端。当给定电压 U_g 为 $+1$ V时,调整 ACR 的负限幅电位器 RP_2,使之输出电压尽可能接近于零;当给定电压 U_g 为 -1 V时,调整 ACR 的正限幅电位器 RP_1,使 ACR 的输出正限幅为 U_{cmax}。

3. 电流反馈系数的整定

直接将给定电压 U_g 接入移相控制电压 U_c 的输入端,整流桥输出接电阻负载 R_M(两个900 Ω电阻并联),负载电阻放在最大值用来限制电枢电流,将给定电压调到零。

按下"启动"按钮,从零增加给定电压,使整流桥输出电压升高,当 $U_d = 220$ V时,减小负载的阻值,使得负载电流 $I_d = 1.1 I_N$(约1.3 A);调节控制电路中"FBC+FA"单元上的电流反馈电位器 RP_1,使"2"端(I_f端)的电流反馈电压 $U_{fi} = 6$ V,这时的电流反馈系数 $\beta = \dfrac{U_{fi}}{I_d} = 4.615$ V/A。RP_2 已经整定好,不需调节。调试完成后,给定电压调为零,断开主电路电源,拆除 R_M。

4. 转速反馈系数的整定

直接将给定电压 U_g 接控制单元的 U_c 输入端,参照图 3-1-9 主电路接线,三相全控整流电路输出接直流电动机电枢绕组,L 选用200 mH,电动机加额定励磁(若励磁电源电压大于额定励磁电压,可以在励磁回路串接电阻分压),并将电动机导轨上测速机输出电压反向连接至控制单元转速变换器(FBS)的输入端。

打开励磁电源开关,按下"启动"按钮接通电源,从零逐渐增加给定电压,当电动机提速到 $n = 1500$ r/min时,调节控制单元 FBS 的转速反馈电位器,使该转速时的反馈电压 $U_{fn} = -6$ V,这时的转速反馈系数 $\alpha = \dfrac{U_{fn}}{n} = 0.004$ V/(r/min)。

(三)开环外特性的测定

参照图 3-1-9(a)或(b),将给定电压 U_g 直接接到触发单元 U_c 输入端,三相全控整流电路输出接电动机电枢绕组,L 选用200 mH,直流发电机接负载电阻 R_G(两个900 Ω并联),阻值调到最大,电动机和发电机分别加额定励磁,给定电压 U_g 调为零,按下"启动"按钮,然后从零开始逐渐增加 U_g,使电动机启动升速,调节 U_g 和 R_G 使电动机电流 I_d 达到额定电流(1.2 A、1.1 A),转速达到1200 r/min。

增大负载电阻 R_G 的阻值(即减小负载),可测出该系统的开环机械特性 $n = f(I_d)$。

记录几组转速和电流数据于表 3-1-5 中。

表 3-1-5

I_d/A	1.2	1.1	1.0	0.9	0.8	0.7	0.6	0.5
n/(r/min)								

将给定电压调为零,按下"停止"按钮,结束实验。

(四)系统静态特性测试

按图 3-1-9(a)或(b)连接电路[图(b)中 DZS 的钮子开关拨至"封锁"]。控制面板上的给定电压 U_g 输出为正给定电压,直流发电机接负载电阻 R_G,L_d 用 200 mH,负载电阻 R_G 放在最大值,给定电压的输出调到零。将 ASR、ACR 按照整定好的参数接成 PI 调节器后,接入系统,形成双闭环不可逆直流调速系统。

静态特性 $n=f(I_d)$ 的测定如下:

(1)发电机先空载,从零开始逐渐增加给定电压 U_g,使电动机转速慢慢上升接近 1200 r/min,然后接入发电机负载电阻 R_G,改变负载变阻器 R_G 的阻值,使主电路电流达到额定电流 I_N,即可测出系统静态特性曲线 $n=f(I_d)$,记录几组转速和电流的数据于表3-1-6中。

表 3-1-6

I_d/A	1.2	1.1	1.0	0.9	0.8	0.7	0.6	0.5
n/(r/min)								

(2)降低给定电压 U_g,用上述方法测试 $n=800$ r/min 时的静态特性曲线,结果记录于表 3-1-7 中。

表 3-1-7

I_d/A	1.2	1.1	1.0	0.9	0.8	0.7	0.6	0.5
n/(r/min)								

闭环控制特性 $n=f(U_g)$ 的测定:调节 U_g 及 R_G,使 $I_d=I_N$、$n=1200$ r/min,逐渐降低 U_g,记录几组 U_g 和 n 的数据于表 3-1-8 中,即可测出闭环控制特性 $n=f(U_g)$。

表 3-1-8

n/(r/min)	1200	1100	1000	900	800	700	600	500
U_g/V								

(五)系统动态特性的观察

用示波器观察系统动态波形。在不同的系统参数下(调整 ASR 的增益和积分电容、ACR 的增益和积分电容),用示波器观察、记录下列情况下的动态波形:

（1）突加给定电压 U_g，电动机启动时的电枢电流 $I_d = f(t)$ 波形（电流反馈与过流保护单元的"I_f"端）和转速 $n = f(t)$ 波形（转速变换单元输出"3"端）。

（2）突加额定负载 $[(20\% \sim 100\%) I_N]$ 时电动机的电枢电流波形和转速波形。

（3）突降负载 $[(100\% \sim 20\%) I_N]$ 时电动机的电枢电流波形和转速波形。

操作突加负载时，可迅速在发电机回路并联可调电阻，注意观测发电机回路电流，防止过流。突减负载时操作相反。

七、实验报告要求

（1）根据实验所得数据，画出闭环控制特性 $n = f(U_g)$ 的曲线。

（2）画出两种转速时的闭环机械特性 $n = f(I_d)$ 的曲线。

（3）画出系统开环机械特性 $n = f(I_d)$ 的曲线，计算静差率，并与闭环机械特性进行比较。

（4）分析系统动态波形，讨论系统参数的变化对系统动、静态性能的影响。

（5）为什么双闭环直流调速系统中使用的调节器均为 PI 调节器？

（6）双闭环直流调速系统中哪些参数的变化会引起电动机转速的改变？哪些参数的变化会引起电动机最大电流的变化？

实验三 逻辑无环流可逆直流调速系统实验

一、实验目的

（1）熟悉逻辑无环流可逆直流调速系统的原理和组成。

（2）掌握各控制单元的原理、作用及调试方法。

（3）掌握逻辑无环流可逆直流调速系统的调试步骤和方法。

（4）了解逻辑无环流可逆直流调速系统的静态特性和动态特性。

二、实验内容

（1）控制单元调试。

（2）系统调试。

（3）正、反转机械特性 $n = f(I_d)$ 的测定。

（4）正、反转闭环控制特性 $n = f(U_g)$ 的测定。

（5）系统动态特性的观察。

三、原理说明

在晶闸管直流调速系统中，由于晶闸管的单向导电性，用一组晶闸管对电动机供电，只适用于不可逆运行。而在某些场合中，既要求电动机能正转、能反转，又要求在减速时产生制动转矩，缩短制动时间。

要改变电动机的转向有以下方法：一是改变电动机电枢电流的方向，二是改变励磁电流的方向。由于电枢回路的电感量比励磁回路的要小,使得电枢回路有较小的时间常数,可满足某些设备对频繁启动、快速制动的要求。

逻辑无环流系统主电路由正桥和反桥(以两组全控整流桥)反向并联组成,并通过逻辑控制来控制正桥和反桥的工作,以保证在同一时刻只有一组桥路工作(另一组桥路不工作),这样就没有环流产生。由于没有环流,两组可控整流桥之间可省去限制环流的均衡电抗器,但为了限制整流电压幅值的脉动和尽量使整流电流连续,仍然保留了平波电抗器。

控制系统主要由给定器(G)、速度调节器(ASR)、电流调节器(ACR)、转矩极性鉴别器(DPT)、零电流检测器(DPZ)、逻辑控制器(DLC)、转速变换器(FBS)、电流反馈与过流保护(FBC+FA)、脉冲移相触发控制器(GT)等环节组成。其系统原理框图如图 3-1-10所示。

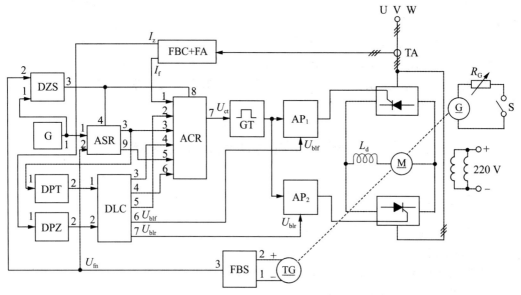

图 3-1-10　逻辑无环流可逆直流调速系统原理图

正向启动时,给定电压 U_g 为正电压,无环流逻辑控制器(DLC)的输出端 U_{blf} 为"0"态,开放正桥触发脉冲,主电路正桥三相全控整流电路,主电路流过正向电流,使电动机正向运行。同时,U_{blr} 为"1"态,封锁反桥触发脉冲。

减小给定电压时,$U_g < U_{fn}$,ASR 输出反向,整流装置进入本桥逆变状态,主回路电流减小。电流过零后,U_{blf}、U_{blr} 输出状态转换,U_{blf} 为"1"态,U_{blr} 为"0"态,即进入它桥制动状态,使电动机降速至设定转速后再切换成正向运行。如果 $U_g = 0$,则电动机停止运行。

反向运行时,U_{blf} 为"1"态,U_{blr} 为"0"态,反桥工作,电动机反向运行。

无环流逻辑控制器(DLC)的输出取决于电动机的运行状态,正向运转,正转制动本桥逆变及反转制动它桥逆变状态,U_{blf} 为"0"态,U_{blr} 为"1"态,保证了正桥工作,反桥封锁;反向运转,反转制动本桥逆变,正转制动它桥逆变阶段,则 U_{blf} 为"1"态,U_{blr} 为"0"态,正桥被封锁,反桥工作。由于逻辑控制器的作用,在逻辑无环流可逆系统中保证了任何情况下两整流桥都不会同时触发,始终是一组工作,另一组被封锁,系统工作过程中不会出现环流。

四、实验设备

(1)实验台主控制屏 NMCL-Ⅲ。

(2)低压控制电路及仪表(见附录二 NMCL-31):包括给定可调电源、转速变换、交直流电压表和电流表等单元。

(3)触发电路和晶闸管主回路(见附录二 NMCL-33F):包括晶闸管主电路、触发电路、功放电路、电流反馈与过流保护等单元。

(4)直流调速控制(见附录二 NMCL-18F):包括转速调节器、电流调节器、转矩极性检测、零电平检测、逻辑控制等单元。

(5)实验机组:直流电动机($P_N = 185$ W、$U_N = 220$ V、$I_N = 1.1$ A、$n_N = 1600$ r/min、$U_{fN} = 220$ V、$I_{fN} < 0.13$ A)、直流发电机($P_N = 100$ W、$U_N = 200$ V、$I_N = 0.5$ A、$n_N = 1600$ r/min)、光码盘测速系统及数显转速表、导轨。

(6)负载组件。

(7)示波器、万用表。

五、注意事项

(1)实验时,应保证逻辑控制器工作逻辑正确,才能使系统正、反向切换运行。

(2)电动机启动前,应先加上电动机的励磁电压,将移相控制电压调到零,再打开主电路电源,逐渐增加给定电压。

(3)主电路接三相电源,按正序连接,并用示波器检查相序是否正确。

(4)通电实验时,可先用电阻作为整流桥的负载,待确定电路正常工作后,再换成电动机作为负载。

(5)改变接线时,必须先按主控制屏总电源开关的"断开"按钮,同时使系统的给定电压为零。

(6)系统开环连接时,不允许突加给定信号 U_g 启动电动机。

(7)在连接反馈信号时,给定信号的极性必须与反馈信号的极性相反,确保为负反馈,防止电动机失控。

(8)实验中注意监视直流电动机的工作电流和转速,避免超过额定值,以免影响电动机的使用寿命,或发生意外。

六、实验方法

(一)逻辑无环流调速系统调试原则

先单元、后系统,即先将单元的参数调好,然后才能组成系统。

先开环、后闭环,即先使系统运行在开环状态,然后在确定电流和转速均为负反馈后才可组成闭环系统。

先双闭环、后逻辑无环流,即先使正反桥的双闭环正常工作,然后再组成逻辑无环流。

先调稳态精度,后调动态指标。

（二）触发电路调试（断开主电路电源开关）

（1）打开实验台总电源空气开关。用示波器观察触发电路及晶闸管主回路的双脉冲观察孔，应有双脉冲，且间隔 60°。用示波器观察每个晶闸管的控制极、阴极电压波形，应有幅值为 $1\sim2$ V 的双脉冲。

（2）使 $U_g=0$，调节触发电路及晶闸管挂箱中偏移电压电位器 U_b，用双踪示波器探头接同步电压观测口的 U 相，另一探头接脉冲观测口的"1"端。使 $\alpha=150°$，此时双脉冲左侧上升沿刚好与 U 相 180°相交。

（3）用万用表检查 U_{blf}、U_{blr} 的电压，一为高电平，一为低电平，不能同为低电平。

（三）整定调节器输出限幅值（断开主电路电源开关）

1. 速度调节器（ASR）输出限幅值的整定

"5""6"端接可调电容（约 0.5 μF），调 ASR 的 RP_3 约 100 kΩ，使 ASR 为 PI 调节器（也可根据双闭环不可逆直流调速实验调节器参数进行设置），将给定器 G 的输出 U_g 接到 ASR 的输入端"1"端，输入约 1 V 电压。当加正给定电压时，调整负限幅调电位器 RP_2，使调节器输出"3"端电压为 -5 V；当输入端加负给定电压时，调整正限幅电位器 RP_1，使调节器的输出电压为 $+5$ V。

2. 电流调节器（ACR）输出限幅值的整定

整定 ACR 限幅值需要考虑负载的情况，留有一定整流电压的余量。使 ACR 为 PI 调节器，"9""10"端接可调电容（约 0.5 μF），调节 RP_3 阻值约 10 kΩ。将给定器 G 的输出 U_g 直接接至触发脉冲控制 U_c 端，增加给定电压，通过示波器观测到触发移相角约 25°时，此时的给定电压值即为 ACR 限幅值 U_{cmax}。再将 U_g 接到 ACR 的输入端"3"端，当输入 U_g 为负且增加时，调节输入 $U_g=-1$ V 左右，调整 ACR 正限幅电位器 RP_1，使调节器输出"7"端输出正限幅值为 U_{cmax}；当输入 U_g 为正且增加时，调节输入 $U_g=1$ V 左右，调整 ACR 负限幅电位器 R_2，使调节器输出"7"端输出尽可能接近于零。

（四）转矩极性鉴别器（DPT）的调试

测定转矩极性鉴别器（DPT）的回环宽度，要求环宽为 $0.4\sim0.6$ V，记录高电平值，调节 DPT 单元的 RP，使转矩极性鉴别器输入输出特性的回环宽度对称纵坐标。环宽大时能提高系统抗干扰能力，但环太宽时会使系统动作迟钝。

（1）将给定输出接至 DPT 单元的输入端"1"端，DPT 输出端接示波器。先加负给定电压，由零逐渐增大，注意观察示波器，当波形由下往上发生跳变时，立即停止加给定电压，记录此时给定电压 U_g 的数值。

（2）加正给定电压，由零逐渐增加，注意观察示波器，当波形由上往下发生跳变时立即停止加给定电压，记录此时给定电压 U_g 的数值。

（3）两次记录的 U_g 数值应相等，否则调整电位器 RP，可以调整所需的跳变值 U_g。根据记录的数据可画出 DPT 的继电特性。

（五）零电流检测器（DPZ）的调试

（1）先加稍大的正给定电压 U_g，调节给定电压 U_g 约 0.7 V，使 DPZ"2"端输出为"0"

态。减小给定电压,当 DPZ"2"端电压从"0"变为"1"时,记录此时的 U_g 值。再增大给定电压 U_g,当波形由上往下发生跳变时,记录此时的 U_g 值,应为 0.1～0.2 V,否则应继续调整电位器 RP,重复上述步骤。

(2)根据记录的数据可画出 DPZ 的继电特性。

(六)逻辑控制器(DLC)的调试

测试逻辑功能,列出真值表,真值表应符合表 3-1-9。

表 3-1-9

DLC 输入	U_M	1	1	0	0	0	1
	U_I	1	0	0	1	0	0
DLC 输出	$U_Z(U_{blf})$	0	0	0	1	1	1
	$U_F(U_{blr})$	1	1	1	0	0	0

调试方法:

(1)首先将零电流检测器和转矩极性鉴别器调试完成,确定其继电特性符合要求。

(2)将给定接转矩极性鉴别器(DPT)的输入端,DPT 输出端接逻辑控制器(DLC)的 U_M"1"端。零电流检测器(DPZ)的输出端接逻辑控制器(DLC)的 U_I"2"端,DPZ 的输入端接地。

将给定的 RP_1、RP_2 顺时针转到底,将 S_2 拨至"运行"侧。

将 S_1 拨至"正给定"侧,用万用表测量逻辑控制器(DLC)的"3"U_{blf}"和"4"U_{blr}"端,"3"U_{blf}"端输出应为高电平,"4"U_{blr}"端输出应为低电平,此时给定部分 S_1 开关从"正给定"拨至"负给定"侧,则"3"U_{blf}"端输出从高电平跳变为低电平,"4"U_{blr}"端输出也从低电平跳变为高电平。在此跳变的过程中,用示波器观测 DLC 的"5"端,应出现脉冲信号。

(3)将零电流检测的输入端接高电平,此时将给定部分 S_1 开关来回拨动,逻辑控制的输出应无变化。

(七)转速反馈系数 α 和电流反馈系数 β 的整定

(1)系统开环,即触发电路及晶闸管主回路中的控制电压 U_c 由低压单元中的 G 给定器 U_g 直接接入,先调节 $U_g=0$,转速计 TG 的电源开关置于"ON"。

(2)整流桥接电阻负载,闭合主电源,缓慢增加给定电压,观察电流表 I_d 的大小直至 $I_d=1.1I_{ed}$,再调节触发电路及晶闸管主回路挂箱下方电流反馈与过流保护单元(FBC+FA)的电流反馈 I_f 电位器 RP_1,使(FBC+FA)单元的"I_f"端电压 U_{fi} 近似等于速度调节器(ASR)的输出限幅值(ASR 的输出限幅可调为 ± 5 V)。调试完成后,使 $U_g=0$,断开主回路电源。此时的电流反馈系数 $\beta=\dfrac{U_{fi}}{I_d}$。

(3)断开给定电压 U_g 与 U_c。输出电压 U_g 接至 ACR 的"3"端,电流反馈 I_f 接 ACR 的"1"端,ACR 的输出"7"端接至 U_c,即系统接入已接成 PI 调节的 ACR 组成电流单闭环系统。ACR 的"9""10"端接可调电容,可预置 1.5 μF。同时,逐渐增加给定电压 U_g,使之等于 ASR 输出限幅值($+5$ V),观察主电路电流是否小于或等于 $1.1I_{ed}$。如 I_d 过大,则应调整电流反馈 I_f 电位器,使 U_{fi} 增加,直至 $I_d<1.1I_{ed}$;如 $I_d<I_{ed}$,小于过电流保护整定值,这说明系统已具有限流保护功能。调试完成后,使 $U_g=0$,断开主回路电源。

(4)电动机加额定励磁,电动机不能堵转。系统开环,即给定电压 U_g 直接接至 U_c,U_g 作为输入给定电压,首先将 $U_g=0$,使转速计 TG 开关置于"ON"。转速计输出电压反向接至 FBS 输入端。合上主电源,逐渐加正给定电压 U_g,当电动机空载转速 $n=$ 1500 r/min 时,调节 FBS 中速度反馈电位器 RP,使 FBS 输出电压 $U_{fn}=-5$ V 左右。这时的转速反馈系数 $\alpha=\dfrac{U_{fn}}{n}$。调试结束后将 $U_g=0$,关闭主电源。

直接将给定电压 U_g 接入 DJK02-1 移相控制电压 U_c 的输入端,三相全控整流电路接直流电动机作负载,测量直流电动机的转速和转速反馈电压值,调节转速变换上的转速反馈电位器 RP_1,使得 $n=1500$ r/min 时,转速反馈电压 $U_{fn}=-6$ V,这时的转速反馈系数 $\alpha=\dfrac{U_{fn}}{n}=0.004$ V/(r/min)。

(八)系统调试

(1)完成双闭环系统调试。分别将"U_{blr}""U_{blf}"单独接地,使系统能够分别进行正、反向的稳定运行。注意绝对不能同时将"U_{blr}""U_{blf}"接地。

(2)按照图 3-1-10 完成全部接线,可进行系统可逆运行实验(其中直流发电机励磁与电动机励磁并联,发电机电枢输出接负载电阻。采用两组可调电阻并联)。

(九)正、反转静态特性 $n=f(I_d)$ 的测定

闭合主电路电源,调节给定电压,测出并记录当 n 分别为 1200 r/min、800 r/min 时的正、反转机械特性 $n=f(I_d)$,方法与双闭环实验相同。实验时,将发电机的负载逐渐增加(减小电阻 R_G 的阻值),使电动机负载从轻载增加到额定负载 $I_d=1.1$ A。记录实验数据于表 3-1-10 和表 3-1-11 中。

表 3-1-10 正转

I_d/A							
n/(r/min)	1200						
I_d/A							
n/(r/min)	800						

表 3-1-11 反转

I_d/A							
n/(r/min)	1200						
I_d/A							
n/(r/min)	800						

（十）系统动态波形的观察

示波器两个探头分别接 ACR 的"1"端和 ASR 的"2"端,可以观测电动机电枢电流 $I_d = f(t)$ 和转速 $n = f(t)$ 的波形。记录下列动态波形:

（1）给定值阶跃变化:正向启动→正向停车,反向启动→反向停车。

（2）电动机稳定运行于额定转速,U_g 不变,突加、突减负载（$20\% I_{ed} \leftrightarrow 100\% I_{ed}$）的动态波形。

（3）改变 ASR 和 ACR 的参数,观察动态波形如何变化。

七、实验报告要求

（1）根据实验结果,画出两种转速时的正、反转闭环机械特性 $n = f(I_d)$,并计算静差率。

（2）如果 DLC 的输出状态不正确,将会对系统产生什么影响?

（3）分析电动机从正转切换到反转过程中,电动机经历的工作状态,以及系统能量转换情况。

实验四 双闭环控制可逆直流脉宽调速系统(H 桥)实验

一、实验目的

（1）掌握转速、电流双闭环可逆直流脉宽调速系统的组成、原理及各单元工作原理。

（2）掌握双闭环可逆直流 PWM 调速系统的调试步骤和参数的整定方法。

（3）测定双闭环直流调速系统的静态和动态性能指标。

二、实验内容

（1）各控制单元调试。

（2）测定开环机械特性 $n = f(I_d)$（$n = 1000 \text{ r/min}$;$n = 800 \text{ r/min}$;$n = 500 \text{ r/min}$）。

（3）测定闭环静态特性 $n = f(I_d)$（$n = 1000 \text{ r/min}$;$n = 800 \text{ r/min}$;$n = 500 \text{ r/min}$）。

（4）测试系统静态和动态特性。

三、原理说明

有许多生产机械要求电动机既能正转又能反转,而且常常需要快速启动和制动,需要电力拖动系统具有四象限运行的特性。在中小容量的可逆直流传动系统中,采用功率开关器件的 PWM 调速系统,比相控系统具有更多的优越性。

可逆 PWM 变换器主电路形式最常用的是桥式电路,电动机接桥式电路输出端,电压极性随开关器件驱动电压极性的变化而改变,控制方式采用双极式控制。电动机的正、反转体现在驱动电压正、负脉冲的宽窄上。当正脉冲较宽时,则主电路输出电压的平均值为正,电动机正转,反之则反转;如果正、负脉冲相等(占空比等于 0.5),则 H 桥电路输出电压平均值为零,电动机停止。电动机停止时电枢电压并不等于零,而是正、负脉冲宽相等的交变脉冲电压,因而电流也是交变的。

双闭环可逆直流 PWM 调速系统的组成如图 3-1-11 所示。图中可逆 PWM 变换器主电路采用 IGBT 构成 H 型结构(见图 3-1-12)。UPW 为脉宽调制器(采用美国硅通用公司 Silicon General 的第二代产品 SG3525);DLD 为逻辑延迟环节,该单元把一组 PWM 波形分成两组相差 180°的 PWM 波,并产生一定的死区,用于控制两组桥臂上的功率开关;GD 为 MOS 管的栅极驱动电路,作用是形成四组隔离的 PWM 驱动脉冲;FA 为瞬时动作的过电流保护,它限制主电路瞬时电流,过流时封锁 DLD 单元输出。控制电路还包括电流反馈调节器(FBA)、速度变换调节器(FBS)、零速封锁器(DZS)、速度调节器(ASR)、电流调节器(ACR)等。

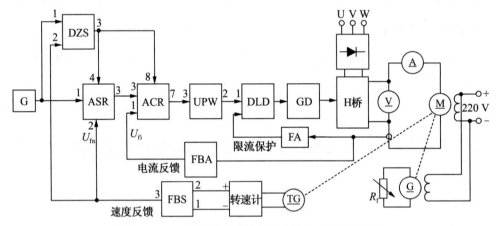

图 3-1-11　双闭环可逆直流 PWM 调速系统原理框图

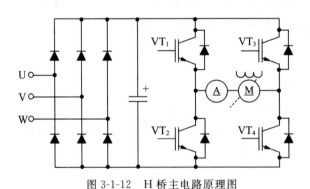

图 3-1-12　H 桥主电路原理图

给定信号与速度反馈信号 U_{fn} 经速度调节器(ASR)调节后输出为电流给定信号,它与电流反馈信号 U_{fi} 经电流调节器(ACR)调节后输出为控制信号,送入 UPM 控制 PWM 波形的产生,最终控制电动机两端的电压。

四、实验设备

(1)实验台主控制屏 NMCL-Ⅲ。

(2)低压控制电路及仪表(见附录二 NMCL-31):包括给定可调电源、转速变换、交直流电压表和电流表等单元。

(3)直流脉宽调速组件(见附录二 NMCL-10A):包括 H 桥主电路和控制电路等单元。

(4)直流调速控制组件(见附录二 NMCL-18F):包括转速调节器、电流调节器等单元。

(5)实验机组:直流电动机($P_N=185$ W、$U_N=220$ V、$I_N=1.1$ A、$n_N=1600$ r/min、$U_{fN}=220$ V、$I_{fN}<0.13$ A)、直流发电机($P_N=100$ W、$U_N=200$ V、$I_N=0.5$ A、$n_N=1600$ r/min)、光码盘测速系统及数显转速表、导轨。

(6)负载组件。

(7)示波器、万用表。

五、注意事项

(1)直流电动机工作前,必须先加上直流励磁。

(2)接入 ASR 构成转速负反馈时,为了防止振荡,可预先把 ASR 的电位器 RP_3 逆时针旋到底,使调节器放大倍数最小,同时,ASR 的"5""6"端接入可调电容(预置 7 μF)。

(3)保证 UPW 调试正常后,才能合上主电源开关。

(4)送电顺序:给定信号调至零,负载调至最大,合上主电路电源开关,再慢慢调节给定电压。断电关机顺序:给定信号调至零,负载调至最大,断开主电路电源开关。

(5)实验时必须注意监视电动机的电压、电流和转速值不要超过额定值。

(6)系统开环连接时,不允许突加给定信号 U_g 启动电动机。

(7)改变接线时,必须先调节给定电压为零,并关断主控制屏电源开关。

(8)双踪示波器(自备)的两个探头基准线通过示波器外壳短接,故在使用时必须使两探头的基准线同电位(只用一根基准线即可),以免造成短路事故。

(9)实验时需要特别注意启动限流电路的继电器有否吸合,如该继电器未吸合,进行过流保护电路调试或进行加负载试验时,就会烧坏启动限流电阻。

(10)UPW 输出信号脉宽的占空比必须在 10%~90%的范围内调节。

六、实验方法

(一)SG3525 性能测试(合上空气开关,不启动实验台主控制屏主电源)

(1)将 UPW 的"3"端与"8"端相连接,用示波器观察 UPW"1"端的电压波形,记录波形的周期、幅度;用示波器观察 UPW"2"端的电压波形,调节 UPW 的电位器 RP,使方波的占空比为 50%。注意:UPW 的"4"端为接地点。

(2)用导线将低压单元的给定电压 U_g 与 UPW 的"3"端相连,同时将 U_g 的地与 UPW 的"8"端相连接。分别调节 U_g 的正、负给定电压,记录 UPW"2"端输出波形的最大占空比和最小占空比。最大占空比为_____、最小占空比为_____。

注意:UPW 的"2"端输出波形的占空比不得超出 10%~90%的范围,否则 PWM 波形一旦消失,将会使电动机突然停转,产生瞬间冲击电流,从而击穿功率器件。因此,本实验自始至终都需要监视 PWM 波的脉宽大小。

(二)控制电路测试

1.逻辑延迟时间的测试

在上述实验的基础上,分别将 U_g 正、负给定电压均调到零,连接 UPW 的"2"端和

DLD 的"1"端,用示波器观察 DLD 的"1"端和"2"端的输出波形,并记录延迟时间,t_d＝_____。

2.同一桥臂上下管子驱动信号死区时间测试

用双踪示波器测量主电路同一桥臂上下管子驱动信号的死区时间(注意选择被测信号的公共点,将探头的基准线接至该公共点上),死区时间＝_____。

(三)开环系统调试

主电路按照图 3-1-11 接线,但调节器和反馈回路不接,控制回路直接将低压控制电路及仪表单元的给定电压 U_g 接至直流脉宽调速的 UPW"3"端,同时将 U_g 的地与 UPW 的"8"端连接,并将 UPW 的"2"端和 DLD 的"1"端相连。

1.电流反馈系数的调试

(1)将发电机励磁绕组与电动机励磁绕组并联,接至电源控制屏上的直流电动机励磁电源输出端;将直流发电机电枢回路接可调电阻,并将电阻调至最大值(采用两组可变电阻并联)。将正、负给定电压均调到零,合上主控制屏电源开关,接通直流电动机励磁电源。

(2)调节正给定电压,电动机开始启动直至达 1000 r/min,调节直流发电机的负载,直至电动机的电枢电流为 1 A。

(3)调节 FBA 的电流反馈电位器,用万用表测量"U_{fi}"端电压达 3 V 左右。

2.速度反馈系数的调试

按照图 3-1-11 所示,将转速计输出电压接至低压控制电路及仪表单元的 FBS 输入端,将发电机电枢回路电阻调至最大,给定电压调至零,启动控制屏电源开关,增加给定电压,使电动机转速升到 1000 r/min,调节 FBS 输出端的电位器,使速度反馈电压(FBS 输出电压)为－3 V 左右。

3.系统开环机械特性测定

(1)调节给定电压 U_g,使电动机转速达 1000 r/min,改变直流发电机负载,在空载至额定负载范围内测取几组转速 n 和电动机电流 I_d 数值,记录于表 3-1-12 中,得到开环机械特性 $n＝f(I_d)$。

表 3-1-12 $n_0＝1000$ r/min,电动机正转,加正给定电压

I_d/A							
$n/(r/min)$							

(2)调节给定电压 U_g,使电动机转速 $n_0＝800/min$,实验方法同上,测取几组转速 n 和电动机电流 I_d 的数值,记录于表 3-1-13 中,得到电动机转速为 800 r/min 时的机械特性。

表 3-1-13 $n_0＝800$ r/min

I_d/A							
$n/(r/min)$							

实验完成后将给定电位器调至零,断开主电路电源开关。

(3)将给定电压的 S_1 开关拨至"负给定"侧,然后按照上述方法,测出电动机的反向机械特性,将实验结果记录于表 3-1-14 和表 3-1-15 中。

表 3-1-14 $n_0 = 1000$ r/min,电动机反转,加负给定电压

I_d/A					
$n/(\mathrm{r/min})$					

表 3-1-15 $n_0 = 800$ r/min

I_d/A					
$n/(\mathrm{r/min})$					

(四)闭环系统调试

控制回路按图 3-1-11 接线,将 ASR、ACR 均接成 PI 调节器接入系统,形成双闭环不可逆系统。

1.速度调节器(ASR)的调试

(1)将直流调速控制单元 ASR 的反馈电位器 RP_3 逆时针旋到底,使放大倍数最小。

(2)ASR 的"5""6"端接入可调电容器,预置 7 μF。

(3)将低压控制电路及仪表单元的给定开关 S_1 和 S_2 向上拨至"正给定"侧,调节给定电位器 RP_1,增大给定电压直至听到速度调节器处继电器动作(听到"叭"的一声响动)后,调节 ASR 正限幅电位器 RP_2,使输出限幅为 -3 V;将给定开关 S_1 向下拨至"负给定"侧,调整给定电位器 RP_2,增加负给定电压,调节 ASR 负限幅电位器 RP_1,使输出限幅为 3 V。

2.电流调节器(ACR)的调试

(1)将直流调速控制单元 ACR 的反馈电位器 RP_3 逆时针旋到底,使放大倍数最小。

(2)ACR 的"9""10"端接入可调电容器,预置 7 μF。

(3)将低压控制电路及仪表单元的给定开关 S_1 和 S_2 向上拨至"正给定"侧,调节给定电位器 RP_1,使 ACR 输出正饱和(继电器动作,听到"叭"的一声响动),调整 ACR 的正限幅电位器 RP_1,用示波器观察直流脉宽调速单元的 DLD "2"端的脉冲占空比,此时脉冲占空比略大于 10%。

(4)将给定开关 S_1 向下拨至"负给定"侧,调整给定电位器 RP_2,使 ACR 输出负饱和(继电器动作,听到"叭"的一声响动),调整 ACR 的负限幅电位器 RP_2,用示波器观察直流脉宽调速单元的 DLD "2"端的脉冲,此时脉冲占空比略小于 90%,不可移出范围。

检测电流调节器输出电压大约为 ± 2.5 V。

(五)系统静特性测试

1.机械特性 $n = f(I_d)$ 的测定

将低压控制电路及仪表单元的给定开关 S_1 和 S_2 向上拨至"正给定"侧,将给定电压 U_g 调至零。

合上主电路电源,从零开始逐渐增加给定电压 U_g,使电动机启动、升速,直至电动机空载转速达到 $n_0=1000$ r/min。发电机电枢回路接入电阻(两组可调电阻并联并调至最大),调节该电阻,使电动机的电枢电流达到额定值,在电动机从空载至额定负载范围内,读取几组电动机转速 n 和电动机电枢电流 I_d 填入表 3-1-16 中,即可测出系统正转时的静特性曲线 $n=f(I_d)$。

减小给定电压,用同样方法测试电动机空载转速为 800 r/min 的静态特性曲线,读取几组电动机转速 n 和电动机电枢电流 I_d 填入表 3-1-17 中。

测量完成后将给定电压调至零,断开主电路电源开关。

表 3-1-16

I_d/A	1.1						
$n/(\text{r/min})$	1000						

表 3-1-17

I_d/A	1.1						
$n/(\text{r/min})$	800						

给定开关 S_1 拨至"负给定"侧,调节给定电位器 RP_2 使给定电压为零。合上主电路电源,逐渐增加给定电压 U_g,使电动机启动、升速,调节 U_g 使电动机空载转速 $n_0=1000$ r/min,再调节直流发电机的负载电阻,改变负载,在直流电动机空载至额定负载范围,测取几组电动机转速 n 和电动机电枢电流 I_d 填入表 3-1-18、表 3-1-19 中,即可测出电动机反转时的静特性曲线 $n=f(I_d)$。

表 3-1-18

I_d/A	1.1						
$n/(\text{r/min})$	-1000						

表 3-1-19

I_d/A	1.1						
$n/(\text{r/min})$	-800						

实验完成后,负载电阻调至最大,给定电压调至零,主电路电源开关断开。

2.闭环控制特性 $n=f(U_g)$ 的测定

打开主电路电源开关,给定开关 S_1 拨向上,调节给定电压 U_g 和发电机电枢回路电阻,使电动机正转转速为 1000 r/min,电动机电枢电流达到额定值,然后减小给定电压至零,测量几组转速和给定电压的数据,记录于表 3-1-20 中,即可得到电动机闭环控制特性曲线 $n=f(U_g)$。

表 3-1-20

$n/(\text{r/min})$							
U_g/V							

　　调节给定电压,将电动机反转,重复上述步骤,测量几组转速和给定电压的数据,记录于表 3-1-21 中,即可得到电动机反转时的闭环控制特性曲线 $n=f(U_\text{g})$。

表 3-1-21

$n/(\text{r/min})$							
U_g/V							

　　(六)系统动态波形的观察

　　示波器两个探头分别接 ACR 的"1"端和 ASR 的"2"端,可以观测电动机电枢电流 $I_\text{d}=f(t)$ 和转速 $n=f(t)$ 的波形。记录下列动态波形:

　　(1)突加给定电压启动时,电动机电枢电流波形和转速波形。

　　(2)电动机分别稳定运行在正负 $n=1000\ \text{r/min}$, U_g 不变,突加、突减负载[$(20\%\sim100\%)I_\text{N}$]时的 $n=f(t)$, $I_\text{d}=f(t)$ 的波形。

七、实验报告要求

　　(1)根据实验数据,画出电动机开环机械特性、静特性曲线 $n=f(I_\text{d})$,计算静差率;画出闭环控制特性曲线 $n=f(U_\text{g})$。

　　(2)根据实验记录,画出突加给定电压时的电动机电枢电流和转速波形,并在图上标出超调量等参数;画出突加与突减负载时的电动机电枢电流和转速波形,并进行分析。

　　(3)与晶闸管移相控制的调速系统相比,采用全控型器件的脉宽调速系统有什么优点?

实验五　直流调速计算机控制系统(DDC)实验

一、实验目的

　　(1)了解 Matlab 软件的基本功能。

　　(2)研究数字控制系统的结构及其组成原理;掌握直流调速计算机控制系统实验方法。

　　(3)加深理解单闭环控制和双闭环控制的晶闸管不可逆直流调速系统的工作原理及控制系统各参数对系统性能的影响。

二、实验内容

　　(1)计算机控制单闭环控制系统特性的测试。

(2)计算机控制双闭环控制系统特性的测试。

三、原理说明

随着计算机在工业控制领域中的广泛应用,计算机直接数字控制(Direct Digital Control,DDC)早已应用于实际的工业控制系统。现代控制系统日益复杂,模拟控制系统的缺点越来越明显,其所有调节器均用运算放大器实现,控制效果受器件性能、温度等因素的影响,不易实现复杂的控制规律,不易实现集中监控和操作,而且很难更改控制规律和控制参数。基于 Matlab 的计算机直接数字控制调速系统,可使人们在学习 Matlab 的基础上使仿真与实时控制相结合,提高对控制理论及控制方法的理解。实验系统还提供了开放式接口,人们可以在原有实验控制系统的基础上开发设计自己的控制方法和控制系统。

直流调速计算机控制系统采用 PCI-1711 板卡作为计算机控制板,以 Matlab 为系统工作平台。系统外围的模拟量通过 A/D 转换进入 Matlab 系统,通过 Matlab 的 Simulink 搭建单闭环或双闭环控制系统模型实时运算,最终数字量由 D/A 转换成模拟量实时控制直流调速系统的运行。调节器参数在控制系统模型中设置,调节方便。

四、实验设备

(1)实验台主控制屏 NMCL-Ⅲ。

(2)低压控制电路及仪表(见附录二 NMCL-31):包括给定可调电源、转速变换、交直流电压表和电流表等单元。

(3)触发电路及晶闸管主电路(见附录二 NMCL-33F):包括晶闸管主电路、触发电路、功放电路、电流反馈与过流保护等单元。

(4)计算机接口(见附录二 NMCL-38):包括计算机板卡、数据线、接口板。

(5)实验机组:直流电动机($P_N=185$ W、$U_N=220$ V、$I_N=1.1$ A、$n_N=1600$ r/min、$U_{fN}=220$ V、$I_{fN}<0.13$ A)、直流发电机($P_N=100$ W、$U_N=200$ V、$I_N=0.5$ A、$n_N=1600$ r/min)、光码盘测速系统及数显转速表、导轨。

(6)负载组件。

(7)双踪示波器、万用表。

五、注意事项

(1)不能大范围改变 PID 参数,可能会导致系统失稳。

(2)主电路接通电源后才能启动仿真,不允许仿真运行后再接通主电路电源。

(3)将两组负载并联后作为发电机负载,负载中不能只接可调电阻。

六、实验方法

(一)PCI-1711 板卡的安装

关闭计算机电源,打开计算机主机箱,把 PCI-1711 板卡插入计算机的任何一个 PCI 插槽,装好主机。启动计算机电源,系统提示发现新硬件,选择"忽略",跳过板卡安装。

将 PCI-1711-u 板卡驱动光盘插入光驱,运行光盘 Autorun,选择"CONTINUE"→ "Installation"→"Device Manager"。

按照:我的电脑→右击属性→硬件→设备管理器→操作→扫描硬件改动,会自动安装板卡。设备管理器中出现 Advantech PCI1711s Device 则表示安装成功(见图 3-1-13)。

图 3-1-13 设备管理器中显示硬件板卡

(二)计算机直接数字控制单闭环控制系统特性测试

(1)连接主电路,主电路接线参照图 3-1-2。

(2)控制电路接线与调试。

速度反馈系数的调试:转速计输出电压"＋""－"两端分别与低压控制电路及仪表单元 FBS 的"1""2"相连,FBS 的"3"与计算机接口单元(见图 3-1-14)的 U_n 相连,FBS 的"4"与给定电压的地电位相连,将低压控制电路及仪表单元的给定电压 U_g 与触发电路和晶闸管主回路单元的 U_c(移相控制电压)相连。将正、负给定电压均调到零,合上主控制屏电源开关,接通直流电动机励磁电源。调节正给定电压,电动机开始空载启动直至达到 1500 r/min 时调节调速控制单元的 FBS 电位器,使速度反馈电压输出为 3 V。

直流调速系统计算机接口单元的 U_c(8)与触发电路和晶闸管主回路单元的 U_c(移相控制电压)相连。

低压控制电路及仪表单元给定电压 U_g 与直流调速系

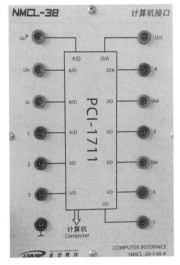

图 3-1-14 计算机接口单元

统计算机接口单元的 $U_n^*(1)$ 相连。

（3）运行 Matlab 程序 test_single-1711，如图 3-1-15 所示。

（4）合上主控制屏电源，双击 Signal Builder 图标设定给定信号的幅值和宽度。如图 3-1-16 所示，在 Signal Builder 中设定给定信号的幅值和宽度，使用鼠标拖动红线可以改变信号的幅值和宽度，右击选择"change time range"可以更改仿真时间。

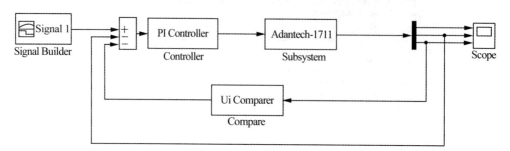

图 3-1-15　test_single-1711 结构图

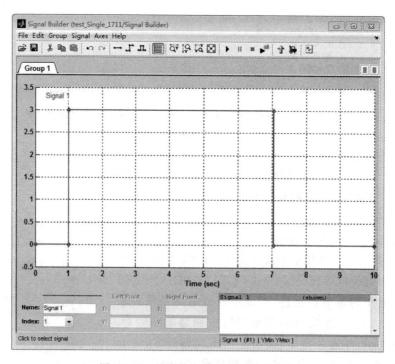

图 3-1-16　设定给定信号的幅值和宽度

（5）双击转速调节器框图，设定转速调节器 PID 参数（见图 3-1-17，参考值 $K_p=0.1$，$K_i=5$，$K_d=0$，其他如图所示）。

（6）双击 Scope 图标查看系统运行输出波形。

（7）改变系统的 PID 参数，观察不同 PID 参数对转速跟踪效果的影响。

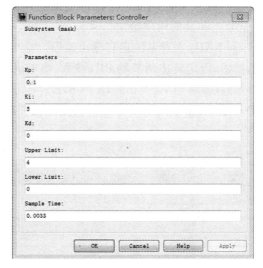

图 3-1-17 PID 调节器参数设置

（三）计算机直接数字控制双闭环控制系统特性测试

（1）在数字控制单闭环控制系统调试的基础上增加电流反馈，速度反馈接线不变。

触发电路和晶闸管主回路单元"FBC＋FA"的 I_f 与计算机接口单元的 U_i 相连。将低压控制电路及仪表单元的给定电压 U_g 与触发电路和晶闸管主电路单元的 U_c（脉冲移相控制电压）相连。将正、负给定电压均调到零，合上主控制屏电源开关。调节正给定电压，电动机开始空载启动直至转速达1500 r/min。再调节直流发电机的负载（先将发电机励磁与电动机励磁并联，发电机电枢接两组电阻并联），加载时直接调节负载电位器即可。当系统开环运行时加载至1 A，调节 FBA 的电流反馈电位器，用万用表测量"U_{fi}"端电压达4 V左右。

计算机接口单元的 U_c 与触发电路和晶闸管主电路单元的 U_c（移相控制电压）相连。

低压控制电路及仪表单元的 G 给定电压 U_g 计算机接口单元的 U_n^*(1)相连。

（2）运行 Matlab 程序 test_double-1711-4，如图 3-1-18 所示。

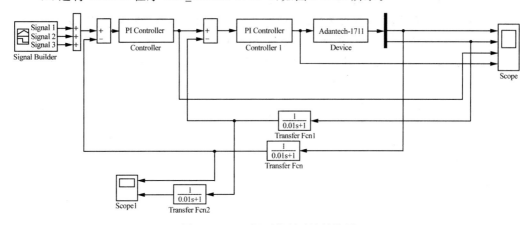

图 3-1-18 双闭环控制系统结构图

（3）合上主控制屏电源，双击 Singal Builder 图标设定给定信号的幅值和宽度，如图 3-1-19所示（这里由三路信号之和共同构成给定信号）。

（4）双击 Scope 与 Scope1 图标查看系统运行输出波形。

（5）双击转速调节器框图，设定转速调节器 PID 参数（参考值 $K_p=1.5, K_i=10, K_d=0.001$）、电流调节器 PID 参数（参考值 $K_p=0.07, K_i=6, K_d=0.001$）。

（6）改变系统的 PID 参数，观察不同 PID 参数对转速电流环跟踪效果的影响。

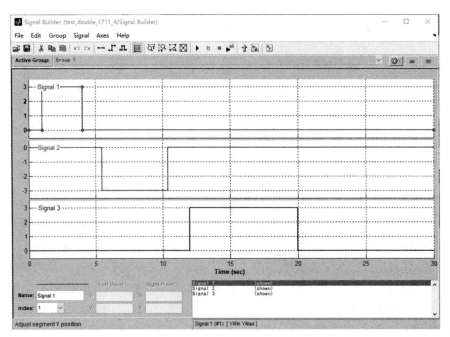

图 3-1-19　设定给定信号的幅值和宽度

七、实验报告要求

（1）记录实验结果，分析系统的动态过程。

（2）比较不同的 PID 参数对系统的影响，以及模拟调节与数字调节的优缺点。

（3）改变系统的负载，观察系统在突加和突减负载情况下的调节能力。

（4）根据实验结果分析并计算系统的静差率（静差率又称为"转速变化率"，指的是电动机在一定转速下运行时，负载由理想空载变到额定值时所产生的转速降落与理想空载转速之比值。公式为 $S_n=\dfrac{\Delta n}{n_0}$。注意：达不到额定电流时需要适当放宽转速环和电流环的限幅）。

第二节 交流电动机调速系统实验

随着电力电子技术、控制技术和计算机技术的发展,交流调速系统已逐步普及。异步电动机具有结构简单、制造容易等优点,在电气传动领域中逐渐得到了广泛的应用。本节主要介绍双闭环三相异步电动机调压调速系统实验;双闭环三相异步电动机串级调速系统实验;三相 SPWM、马鞍波、SVPWM 变频调速系统实验;DSP 控制三相异步电动机变频调速实验(C 语言版)。

实验六 双闭环三相异步电动机调压调速系统实验

一、实验目的

(1)熟悉双闭环三相异步电动机调压调速系统的原理及组成。
(2)了解绕线式异步电动机转子串电阻时,在调节定子电压调速时的机械特性。
(3)通过测定系统的静态特性和动态特性,进一步理解交流调压系统中电流环和转速环的作用。

二、实验内容

(1)测定三相绕线式异步电动机转子串电阻时的机械特性。
(2)测定双闭环交流调压调速系统的静态特性。
(3)测定双闭环交流调压调速系统的动态特性。

三、原理说明

变压调速是异步电动机调速方法中比较简便的一种。由电力拖动原理可知,当异步电动机等效电路参数不变时,在相同的转速下,电磁转矩 T_e 与定子电压 U_s 的平方成正比,因此,改变定子外加电压就可以改变机械特性的函数关系,从而改变电动机在一定负载转矩下的转速。

异步电动机的开环机械特性和直流电动机的开环机械特性差别很大,在不同电压的开环机械特性上各取一个相应的工作点,连接起来便可得到闭环系统静态特性,这样的分析方法对两种电动机是完全一致的。异步力矩电动机的机械特性很软,但由系统放大系数决定的闭环系统静态特性很硬。采用 PI 调节器,可以做到无静差。改变给定信号,静态特性平行上下移动,达到调速的目的。

异步电动机闭环变压调速系统与直流电动机闭环调速系统的差别是:静态特性左右两边都有极限,不能无限延长,它们是额定电压下的机械特性和最小输出电压下的机械特性。当负载变化时,如果电压调节到极限值,闭环系统便失去控制能力,系统的工作点只能沿着极限开环特性变化。

主电路中的交流调压器用三对晶闸管反并联分别串接在三相电路中,由相位控制改变输出电压。双闭环三相异步电动机调压调速系统的主电路由三相晶闸管交流调压器及三相绕线式异步电动机组成(转子回路串电阻)。主电路接法见第二章实验九三相交流调压电路实验。控制系统由电流调节器(ACR)、速度调节器(ASR)、电流反馈与过流保护(FBC+FA)、速度变换器(FBS)、触发器(GT)、脉冲放大器(AP_1)等组成。其系统原理图如图3-2-1所示。

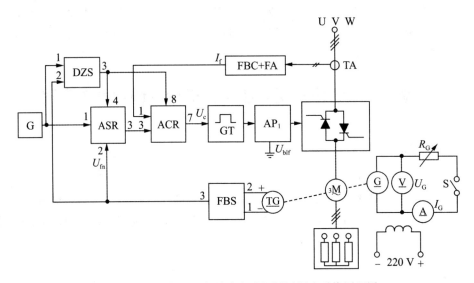

图3-2-1 双闭环三相异步电动机调压调速系统原理图

整个调速系统采用了速度、电流两个反馈控制环。这里的速度环作用基本上与直流调速系统相同,用于消除静差并改善动态性能,而电流环的作用则有所不同。系统在稳定运行时,电流环对抗电网扰动仍有较大的作用,但在启动过程中电流环仅起限制最大电流的作用,不会出现最佳启动的恒流特性,也不可能是恒转矩启动。

异步电动机调压调速系统结构简单,采用双闭环系统时静差率较小,且比较容易实现正反转、反接和能耗制动。但在恒转矩负载下不能长时间低速运行,因低速运行时转差功率全部消耗在转子电阻中,使转子过热。

四、实验设备

(1)实验台主控制屏 NMCL-Ⅲ。

(2)低压控制电路及仪表(见附录二 NMCL-31):包括给定可调电源、转速变换、交直流电压表和电流表等单元。

(3)触发电路及晶闸管主电路(见附录二 NMCL-33F):包括晶闸管主电路、触发电路、功放电路、电流反馈与过流保护等单元。

(4)直流调速控制(见附录二 NMCL-18F):包括转速调节器、电流调节器、转矩极性检测、零电平检测、逻辑控制等单元。

(5)电动机导轨及测速发电机、三相绕线式异步电动机(参数 $P_N = 100$ W、$U_N = 220$ V、

$I_N = 0.55$ A、$n_N = 1420$ r/min)、直流发电机(参数 $P_N = 100$ W、$U_N = 200$ V、$I_N = 0.5$ A、$n_N = 1600$ r/min)。

(6)负载组件。

(7)示波器、万用表。

五、注意事项

(1)实验前检查三相主电源输出相序是否为正序,不可换错相序。

(2)接入 ASR 构成转速负反馈时,为了防止振荡,可预先把 ASR 的电位器 RP$_3$逆时针旋到底,使调节器放大倍数最小,同时,ASR 的"5""6"端接入可调电容(预置 7 μF)。

(3)测取静态特性时,须注意电流不许超过电动机的额定值(0.55 A)。

(4)系统开环连接时,不允许突加给定电压 U_g 启动电动机。

(5)改变接线时,必须先按下主控制屏总电源开关的"断开"按钮,同时使系统的给定电压为零。

(6)低速实验时,实验时间应尽量短,以免电阻器过热引起串接电阻数值的变化。

(7)绕线式异步电动机按 Y 型接。

(8)计算转矩 T 时用到的机组空载损耗 P_0 的数值可取为电动机额定功率的 5%~10%。

(9)转子每相串接电阻为 3 Ω 左右,可根据需要进行调节,以便使系统有较好的性能。

六、实验方法

(一)移相触发电路的调试(主电路未通电)

(1)合上实验台总电源空气开关。用示波器观察触发电路和晶闸管主回路的双脉冲观察孔,应有双脉冲,且间隔 60°,幅值相同。用示波器观察每个晶闸管的控制极、阴极电压波形,应有幅值为 1~2 V 的双脉冲。

(2)使 $U_g = 0$,调节触发电路及晶闸管主电路单元的偏移电压电位器,用双踪示波器探头接挂箱同步电压观测口的 U 相,另一探头接脉冲观测口的"1"孔,使 $\alpha = 150°$,此时双脉冲左侧上升沿刚好与 U 相 180°相交。

(二)控制单元调试

1.调节器的调零

将直流调速控制单元中的速度调节器所有输入端接地,调节 ASR 单元的电位器 RP$_4$为 120 kΩ,将"5""6"短接,使 ASR 成为 P 调节器。调节 ASR 单元的电位器 RP$_3$,用万用表测量调节器"3"端的输出,使之输出电压尽可能接近于零。

将电流调节器所有输入端接地,调节 ACR 单元的电位器 RP$_4$为 13 kΩ,将"9""10"短接,使 ACR 成为 P 调节器。调节 ACR 单元的电位器 RP$_3$,用万用表测量电流调节器的"7"端,使之输出电压尽可能接近于零。

2.调节器正、负限幅值的调整

直接将低压控制电路及仪表单元的给定电压 U_g 接入触发电路和晶闸管主电路单元

的移相控制电压U_c的输入端，三相交流调压电路(接法同第二章实验九)输出的任意两路接一电阻负载，放在阻值最大位置，另一相悬空，用示波器观察输出的电压波形。

当给定电压U_g由零调大时，输出电压U随给定电压的增大而增大。当U_g超过某一数值U_g'时，U的波形接近正弦波。一般可确定移相控制电压的最大允许值$U_{cmax}=U_g'$，即U_g的允许调节范围为$0\sim U_{cmax}$。记录U_g'的数值。

$$U_{cmax}=U_g'=\underline{\hspace{3cm}}。$$

把ASR的"5""6"短接线去掉，可调电容($0.5~\mu F$)接入"5""6"两端，使ASR成为PI调节器，将ASR的输入端接地线去掉，将给定电压U_g接到ASR的"1"端。当加一定的正给定电压时，调整负限幅电位器RP_2，使之输出电压为$-5~V$；当ASR的输入端加负给定电压时，调整正限幅电位器RP_1，使之输出"3"端电压尽可能接近于零。

把电流调节器的"9""10"短接线去掉，将可调电容($0.5~\mu F$)接入"9""10"两端，使调节器成为PI调节器，将ASR的输入端接地线去掉，将给定电压U_g接到ACR的"3"输入端。当加正给定电压时，调整负限幅电位器RP_2，使之输出电压尽可能接近于零；当ACR的"3"输入端加负给定电压时，调整正限幅电位器RP_1，使之输出正限幅为U_{cmax}。

3.电流反馈的整定

将双闭环三相异步电动机调压调速系统接成开环，即直接将低压控制电路及仪表单元的给定电压U_g接入触发电路和晶闸管主电路单元的移相控制电压U_c的输入端。三相交流调压输出接三相绕线式异步电动机，电动机转子接专用电阻箱，直流发电机接电阻负载R_G，发电机励磁绕组接励磁电源。

打开励磁电源开关，启动主电路电源，增加U_g，使电动机端电压达到额定值，调节发电机负载电阻R_G，使电动机单相电流值$I_e=0.6~A$，此时调节触发电路及晶闸管主回路单元下方(FBC+FA)的电流反馈I_f电位器RP_1，使电流反馈电压为$U_{fi}=5~V$。调试完成后，使$U_g=0$，断开主回路电源。

4.转速反馈的整定

系统接成开环，直接将低压控制电路及仪表单元的给定电压U_g接入触发电路和晶闸管主电路单元的移相控制电压U_c的输入端，输出接三相绕线式异步电动机，导轨上的测速器输出电压反接至低压控制电路及仪表单元的FBS输入端。

启动电源，增加给定电压，当电动机转速$n=1300~r/min$时，调节FBS的电位器RP，使FBS输出电压为$U_{fn}=-6~V$。

(三)机械特性$n=f(T)$的测定

(1)系统接成开环，将低压控制电路及仪表单元的给定电压U_g接入触发电路和晶闸管主电路单元的移相控制电压U_c，电动机转子回路接入适当阻值的三相电阻。直流发电机接负载电阻R_G(将两个$900~\Omega$接成串联形式)，打开励磁电源开关，将给定电压的输出调到零。

(2)直流发电机先轻载，调节给定电压U_g使电动机的端电压为额定电压U_e，改变直流发电机负载，测定机械特性$n=f(T)$，测试数据记录于表3-2-1中。

转矩可按下式计算：

$$T=\frac{9.55(I_G U_G+I_G^2 R_a+P_0)}{n}$$

式中：T 为三相绕线式异步电动机电磁转矩，I_G 为负载直流发电机电流，U_G 为负载直流发电机电压，R_a 为负载直流发电机电枢电阻，P_0 为机组空载损耗。

不同转速下取不同数值：$n=1500$ r/min，$P_0=13.5$ W；$n=1000$ r/min，$P_0=10$ W；$n=500$ r/min，$P_0=6$ W。

（3）调节 U_g，降低电动机端电压，在 $\frac{2}{3}U_e$ 时重复上述实验，以取得一组机械特性，测试数据记录于表 3-2-2 中。

表 3-2-1 　　　　　　　　　　　　　　　　　　　　　　　　输出电压为 U_e 时

$n/(\text{r/min})$							
U_G/V							
I_G/A							
$T/(\text{N}\cdot\text{m})$							

表 3-2-2 　　　　　　　　　　　　　　　　　　　　　　　　输出电压为 $\frac{2}{3}U_e$ 时

$n/(\text{r/min})$							
U_G/V							
I_G/A							
$T/(\text{N}\cdot\text{m})$							

（四）系统闭环特性的测定

（1）将系统接成异步电动机双闭环调压调速系统，转子回路串接适当阻值三相电阻，逐渐增加给定电压，观察电动机是否正常。

（2）调节 U_g 使转速至 $n=1000$ r/min，从轻载按一定间隔调到额定负载，测出闭环静态特性 $n=f(T)$。测试数据记录于表 3-2-3 中。

表 3-2-3

$n/(\text{r/min})$	1000						
U_G/V							
I_G/A							
$T/(\text{N}\cdot\text{m})$							

（3）测出 $n=500$ r/min 时的系统闭环静态特性 $n=f(T)$。测试数据记录于表 3-2-4中。

表 3-2-4

$n/(\text{r/min})$	500					
U_G/V						
I_G/A						
$T/(\text{N} \cdot \text{m})$						

（五）系统动态特性的观察

（1）突加给定电压启动电动机时，转速 n（FBS 单元的输出端）、电动机电枢电流 I（电流反馈与过流保护单元的"I_f"端）及速度调节器（ASR）的"3"端输出电压的动态波形。

（2）电动机稳定运行，突加、突减负载[（20%～100%）I_e]时的转速 n、电动机电枢电流 I 及速度调节器（ASR）的"3"端输出电压的动态波形。

七、实验报告要求

（1）根据实验数据，画出开环时电动机的机械特性 $n = f(T)$。

（2）根据实验数据画出闭环系统静态特性 $n = f(T)$，并与开环特性进行比较。

（3）根据记录下的动态波形分析系统的动态过程。

实验七　双闭环三相异步电动机串级调速系统实验

一、实验目的

（1）熟悉双闭环三相异步电动机串级调速系统的组成及工作原理。

（2）掌握串级调速系统的调试步骤及方法。

（3）了解串级调速系统的静态与动态特性。

二、实验内容

（1）控制单元及系统调试。

（2）测定开环串级调速系统的静态特性。

（3）测定双闭环串级调速系统的静态特性。

（4）测定双闭环串级调速系统的动态特性。

三、原理说明

异步电动机串级调速系统是较为理想的节能调速系统，其基本原理是在异步电动机转子回路中附加交流电动势进行调速。调速的关键是在转子侧串入一个可变频变幅的电压。获得这样的电压比较方便的办法是将转子电压先整流成直流电压，再引入一个附加的直流电动势，控制此直流附加电动势的幅值，就可以调节异步电动机的转速。

采用工作在有源逆变状态的晶闸管可控整流装置作为产生附加直流电动势的电源，

调节中间直流环节的逆变电压,可以方便地实现调速,并将能量回馈电网,提高调速系统的效率。通常使用的方法是将转子三相电动势引出,经二极管三相桥式不控整流器得到直流电压,再由晶闸管有源逆变器作为附加直流电动势。

由于串级调速系统机械特性的静差率较大,所以开环控制系统只能用于对调速精度要求不高的场合。为了提高静态调速精度,并获得较好的动态特性,必须采用闭环控制。和直流调速系统一样,通常采用具有电流反馈和转速反馈的双闭环控制方式。

双闭环控制的串级调速系统原理图如图 3-2-2 所示。图中 M 为三相绕线式异步电动机,其转子相电动势接三相不可控整流装置。主回路由二极管三相不控整流桥、晶闸管三相桥式逆变器、三相变压器组成。转速反馈信号取自异步电动机轴上连接的测速发电机,电流反馈信号取自逆变器交流侧的电流互感器。控制系统由速度调节器(ASR)、电流调节器(ACR)、转速变换(FBS)、电流变换(FBC)、触发电路(GT)、正桥功放(AP$_1$)等组成。

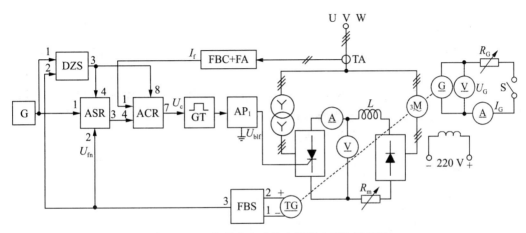

图 3-2-2　三相异步电动机串级调速系统原理图

四、实验设备

(1)实验台主控制屏 NMCL-Ⅲ。

(2)低压控制电路及仪表(见附录二 NMCL-31):包括给定可调电源、转速变换、交直流电压表和电流表等单元。

(3)触发电路及晶闸管主回路(见附录二 NMCL-33F):包括晶闸管主电路、触发电路、功放电路、电流反馈与过流保护等单元。

(4)直流调速控制(见附录二 NMCL-18F):包括转速调节器、电流调节器、转矩极性检测、零电平检测、逻辑控制等单元。

(5)电动机导轨及测速发电机、三相绕线式异步电动机(参数 $P_N=100$ W、$U_N=220$ V、$I_N=0.55$ A、$n_N=1420$ r/min)、负载直流发电机(参数 $P_N=100$ W、$U_N=200$ V、$I_N=0.5$ A、$n_N=1600$ r/min)。

(6)负载组件。

(7)示波器、万用表。

五、注意事项

(1)在实验过程中应确保 β 在 $30°\sim90°$ 范围内变化,不得超过此范围。

(2)逆变变压器为三相变压器,其副边三相电压应对称。

(3)应保证有源逆变桥与不控整流桥之间直流电压极性的正确性,防止顺串短路。

(4)接线时,注意绕线电动机的转子有 4 个引出端,其中 1 个为公共端,不需接线。

(5)接入 ASR 构成转速负反馈时,为了防止振荡,可预先把 ASR 的电位器 RP_3 逆时针旋到底,使调节器放大倍数最小,同时,ASR 的"5""6"端接入可调电容(预置 $7~\mu F$)。

(6)测取静态特性时,须注意电流不许超过电动机的额定值($0.55~A$)。

(7)三相主电源连线时需注意相序,不可换错相序。逆变变压器采用变压器的高低压绕组,不可接错。

(8)系统开环连接时,不允许突加给定电压 U_g 启动电动机。

(9)改变接线时,必须先按下电源控制屏总电源开关的"断开"按钮,同时使系统的给定电压为零。

(10)双踪示波器(自备)的两个探头地线通过示波器外壳短接,故在使用时,必须使两探头的基准线同电位(只用一根基准线即可),以免造成短路事故。

(11)绕线式异步电动机按 Y 型接。

六、实验方法

(一)触发电路调试

(1)打开总电源开关,调节变压器使三相电源输出为 $200~V$。

(2)用示波器观察触发电路及晶闸管主回路的双脉冲观察孔,应有间隔均匀、幅值相同的双脉冲。

(3)将面板上的 U_{blf} 端接地,调节偏移电压 U_b,用双踪示波器观察 U 相同步电压信号和三相移相触发脉冲的 1 号脉冲输出,使 $U_c=0$ 时 $\alpha=180°$(即三相电路时 $\alpha=150°$、$\beta=30°$)。观察正桥晶闸管的触发脉冲是否正常(应有幅值为 $1\sim2~V$ 的双脉冲)。

(二)控制单元调试

1.调节器的调零

将直流调速控制单元中的速度调节器所有输入端接地,调节 ASR 单元的电位器 RP_4 为 $120~k\Omega$,将"5""6"短接,使 ASR 成为 P 调节器。调节 ASR 单元的电位器 RP_3,用万用表测量调节器"3"端的输出,使之输出电压尽可能接近于零。

将电流调节器所有输入端接地,调节 ACR 单元的电位器 RP_4 为 $13~k\Omega$,将"9""10"短接,使 ACR 成为 P 调节器。调节 ACR 单元的电位器 RP_3,用万用表测量电流调节器"7"端的输出,使之输出电压尽可能接近于零。

2.调节器的整定

速度调节器(ASR)的整定:把 ASR 的"5""6"短接线去掉,将控制电路电阻电容箱中的 0.5 μF 电容接入"5""6"两端,使 ASR 成为 PI 调节器,将 ASR 的输入端接地线去掉,将给定输出电压 U_g 接到 ASR 的"1"输入端。当加一定的正给定电压时,调整负限幅电位器 RP$_2$,使之输出电压为 -5 V;当 ASR 的输入端加负给定电压时,调整正限幅电位器 RP$_1$,使之输出"3"端电压尽可能接近于零。

电流调节器(ACR)的整定:把 ACR 的"9""10"短接线继续短接,使调节器成为 P 调节器,将 ACR 的输入端接地线去掉,将给定输出电压 U_g 接到 ACR 的"3"端。加正给定电压,调整负限幅电位器 RP$_2$,使 ACR 输出电压尽可能接近于零,这时候 $\beta=30°$。

把 ACR 的输出端"7"与移相控制电压 U_c 端相连,当 ACR 输入"3"端加负给定电压时,此时测量逆变桥两端输出电压,调整正限幅电位器 RP$_1$,使逆变桥两端的电压为零,这时候 $\beta=90°$。去掉"9""10"两端的短接线,将 0.5 μF 电容接入"9""10"两端,使调节器成为 PI(比例积分)调节器。

3.调节器反馈系数的整定

转速反馈系数的整定:直接将正给定电压 U_g 接移相控制电压 U_c 的输入端,晶闸管主电路接成三相交流调压电路(同第二章实验九主电路),主电路输出接三相绕线式异步电动机,电动机导轨上的测速器输出电压接低压控制电路及仪表单元上的转速变换(FBS)单元输入端,增加给定电压,调节主电路电阻 R_m(将两组可调电阻并联)使电动机转速 $n=1200$ r/min,此时调节 FBS 电位器 RP,使转速反馈电压 $U_{fn}=-6$ V。

电流反馈系数的整定:直接将给定电压 U_g 接入移相控制电压 U_c 的输入端,晶闸管主电路接成三相交流调压电路(同第二章实验九主电路),主电路输出接三相绕线式异步电动机,调节主电路电阻 R_m、发电机回路电阻 R_G(一组可调电阻),测量三相绕线式异步电动机单相的电流值 I_e,当电流 $I_e=0.6$ A 时,调节触发电路和晶闸管主回路单元电流反馈与过流保护(FBC)的电流反馈电位器 RP$_1$,使电流反馈电压为 $U_{fi}=6$ V。

(三)开环静态特性的测定

(1)将系统按图 3-2-2 接成开环串级调速系统,直流回路平波电抗器 L 接 200 mH,利用三相不控整流桥将三相绕线式异步电动机转子三相电动势进行整流,逆变变压器利用三相变压器单元接成 Y/Y 型,其中高压端 1U$_1$、1V$_1$、1W$_1$ 接电源控制屏的主电路电源输出,中压端 2U$_1$、2V$_1$、2W$_1$ 接晶闸管的三相逆变输出。R_G(一组可调电阻)和 R_m(将两组可调电阻并联)调到阻值最大时才能开始实验。

(2)测定开环系统的静态特性 $n=f(T)$,其中 T 可按交流调压调速系统的同样方法来计算。

$$T=\frac{9.55(I_G U_G+I_G^2 R_a+P_0)}{n}$$

在调节过程中,要时刻保证逆变桥两端的电压大于零。测试数据记录于表 3-2-5 中。

表 3-2-5

$n/(\text{r/min})$						
U_G/V						
I_G/A						
$T/(\text{N} \cdot \text{m})$						

（四）系统调试

（1）按照图 3-2-2 将系统接成双闭环串级调速系统,逐渐加给定电压 U_g,观察电动机运行是否正常,β 应在 $30°\sim90°$ 之间移相,当一切正常后,逐步把限流电阻 R_m 减小到零,以提升转速。

（2）调节 ASR 和 ACR 外接的电阻和电容值（改变放大倍数和积分时间）,用慢扫描示波器观察突加给定电压时的动态波形,确定较佳的调节器参数。

（3）双闭环串级调速系统静态特性的测定。

测定 n 为 1200 r/min 时的系统静态特性 $n=f(T)$,测试数据记录于表 3-2-6 中。

表 3-2-6 $n=1200$ r/min

$n/(\text{r/min})$						
U_G/V						
I_G/A						
$T/(\text{N} \cdot \text{m})$						

测定 n 为 1000 r/min 时的系统静态特性 $n=f(T)$,测试数据记录于表 3-2-7 中。

表 3-2-7 $n=1000$ r/min

$n/(\text{r/min})$						
U_G/V						
I_G/A						
$T/(\text{N} \cdot \text{m})$						

（五）系统动态特性的测定

用双踪示波器观察并记录：

（1）突加给定电压启动电动机时,转速 n（FBS 输出端）、电动机定子电流 I（FBC 的"I_f"端）及 ASR 输出端的动态波形。

（2）电动机稳定运行时,突加、突减负载[$(20\%\sim100\%)I_N$]时转速 n（FBS 输出端）、电动机定子电流 I（FBC 的"I_f"端）及 ASR 输出端的动态波形。

七、实验报告要求

(1)根据实验数据画出开环、闭环系统静态机械特性 $n = f(T)$,并进行比较。

(2)根据动态波形,分析系统的动态过程。

实验八　三相 SPWM、马鞍波、SVPWM 变频调速系统实验

一、实验目的

(1)掌握异步电动机变频调速原理。

(2)掌握 SPWM 调速基本原理和实现方法。

(3)掌握马鞍波变频调速基本原理和实现方法。

(4)掌握 SVPWM 调速基本原理和实现方法。

二、实验内容

(1)观测 SPWM、马鞍波、SVPWM 三种调制方式下各种信号波形。

(2)三相 SPWM、马鞍波、SVPWM 变频调速系统实验。

三、原理说明

随着各种全控型开关器件的出现以及电力电子变换技术和现代控制理论的发展,以变压、变频电源(Variable Voltage Variable Frequency,VVVF)驱动的交流电动机变频调速系统因其结构简单、造价低廉,以及调速性能可与直流电动机相媲美,从而逐步取代直流调速系统,成为电气传动领域的主力军。以下介绍变频调速系统中使用的变压变频电源原理。

(一)异步电动机变频调速原理

公共交流电网只能提供恒频、恒压交流电源。交流电动机的转速 n(每分钟转数)取决于供电频率 f。

异步电动机转速基本公式为:

$$n = \frac{60f}{p}(1-s) = n_0(1-s)$$

式中:n 为电动机转速,f 为电源频率,p 为电动机极对数,s 为电动机转差率,n_0 为电动机同步转速。

对于异步电动机,定子旋转磁场的转速为 n_0,转子实际转速 $n < n_0$,$s \neq 0$,从而在转子中产生感应电动势,感应电流形成旋转力矩,驱使电动机旋转。在实际运行中,s 是一个很小的数值,通常 $s = 0.02 \sim 0.05$,因此 $n \approx n_0$,改变 f 即可改变转速 n。所以为了调节交流电动机的转速,最有效的技术手段就是改变对交流电动机供电电源的频率。

每相定子绕组感应电动势的有效值为:

$$E_g = 4.44 f_1 N_s k_{Ns} \Phi_m$$

式中，E_g 为气隙磁通在定子每相中感应电动势的有效值（V），f_1 为定子频率（Hz），N_s 为定子每相绕组串联匝数，k_{Ns} 为定子基波绕组系数，Φ_m 为每极气隙磁通量（Wb）。

由于电阻、漏电抗压降远小于定子旋转感应电动势 E_g，因此，外加电压 U_s 近似等于 E_g，即 $U_s \approx E_g$。

因此：

$$\frac{U_s}{f_1} = 4.44\, N_s k_{Ns} \Phi_m$$

保持电动机中每极磁通量 Φ_m 为额定值不变，可以充分利用电动机铁芯，发挥电动机产生转矩的能力。Φ_m 不变，则 $\dfrac{U_s}{f_1}$ 为定值，因此为了使电动机在不同转速时保持气隙磁通 Φ_m 不变，电动机供电电压 U_s 应随电源频率的改变而改变，即给交流电动机供电的电源应是输出电压和频率能协调控制的变压、变频交流电源。由全控型开关器件构成的逆变器对交流电动机供电是一个较好的技术方案。

（二）变压、变频电源（VVVF）的构成及工作原理

图 3-2-3 是变压、变频电源结构图，其中第一级 AC/DC 变换电路采用二极管不控整流电路，第二级 DC/AC 逆变电路采用三相桥式 PWM 逆变器，由全控型开关器件构成，这种逆变器由三个基本桥臂组成。

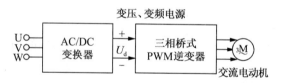

图 3-2-3　AC/DC-DC/AC 变压、变频电源的构成

变压、变频电源的主电路原理图如图 3-2-4 所示，工频 50 Hz 的交流电源经整流后得到一个直流电压源，作为逆变器的输入直流电源，对直流电压进行 PWM 逆变控制，PWM 三相逆变器将恒定直流输入电压整形为正弦波形的三相输出电压，并控制输出电压的幅值和频率。

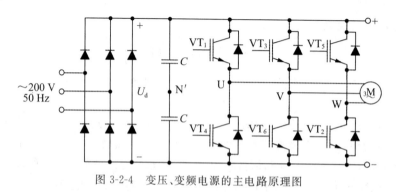

图 3-2-4　变压、变频电源的主电路原理图

目前常用的变频器调制方法有 SPWM、马鞍波和 SVPWM 等方式。

正弦波脉宽调制技术(SPWM):SPWM 是最常用的一种调制方法,为了输出对称平衡的三相正弦波输出电压,可将互差 120°的三个正弦波控制信号与同一个三角波载波信号比较,由它们的交点确定逆变器开关器件的通断时刻,获得在正弦调制波的半个周期内呈两边窄、中间宽的一系列等幅不等宽的矩形波,这种序列的矩形波称作"SPWM 波"。当改变正弦参考信号的幅值时,脉宽随之改变,从而改变主电路输出电压的大小。当改变正弦参考信号的频率时,输出电压的频率即随之改变。

本实验采用的是双极性 SPWM 控制方式。图 3-2-5 是三相桥式 PWM 逆变器双极性 SPWM 波形,其中 u_{rU}、u_{rV}、u_{rW} 是三相调制波,u_c 是双极性三角波。$u_{UN'}$、$u_{VN'}$、$u_{WN'}$ 为 U、V、W 三相输出与电源中性点 N′ 之间的相电压矩形波,$u_{UV}=u_{UN'}-u_{VN'}$ 为输出线电压矩形波,其脉冲幅值为 $+U_d$ 或 $-U_d$。

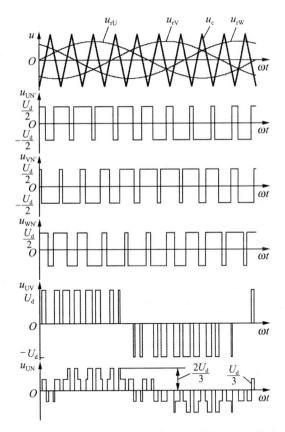

图 3-2-5 三相桥式 PWM 逆变器双极性 SPWM 波形

控制电路中,采用正弦波发生器、三角波发生器和比较器来实现上述 SPWM 控制。

马鞍波 PWM 变压、变频控制方式:SPWM 信号是由正弦波与三角载波信号相比较而产生的,正弦波幅值与三角波幅值之比为 m,称为"调制比"。正弦波脉宽调制的主要优点是:逆变器输出线电压与调制比 m 呈线性关系,有利于精确控制,谐波含量小。但是在一般情况下,要求调制比 $m<1$。当 $m>1$ 时,正弦脉宽调制中出现饱和现象,不但输出电压与频率失去所要求的配合关系,而且输出电压中谐波分量增大,特别是较低次谐波分量较大,对电动机运行不利。另外可以证明,如果 $m < 1$,逆变器输出的线电压中基波分量的幅值只有逆变输入的电网电压幅值的 0.866 倍,这就使得采用 SPWM 控制的逆变器不能充分利用直流母线电压。为解决这个问题,可以在正弦参考信号上叠加适当的三次谐波分量,如图 3-2-6 所示。

合成后的波形似马鞍形,所以称为"马鞍波 PWM"。采用马鞍波作为参考波信号进行 PWM 调制,使参考信号的最大值减小,但参考波形的基波分量的幅值可以进一步提高。即可使 $m > 1$,形成过调制,从而可以在高次谐波信号分量不增加的条件下,增加其基波分量的值,与 SPWM 调制方式相比,马鞍波调制的主要特点是电压较高,提高了直流电压利用率。

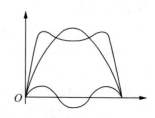

图 3-2-6　马鞍波调制信号

电压空间矢量 PWM(SVPWM)控制技术:SPWM 控制主要目的是使逆变器输出电压尽量接近于正弦波,或者说希望输出 PWM 电压波形的基波成分尽量大,谐波成分尽量小。对于异步电动机负载,需要输入三相正弦电流的最终目的是在空间产生圆形旋转磁场,从而产生恒定的电磁转矩。如果把逆变器和异步电动机视为一体,按照跟踪圆形旋转磁场来控制 PWM 电压,效果应该更好,这种控制方法叫"磁链跟踪控制"。磁链的轨迹是靠电压空间矢量相加得到的,所以又称为"电压空间矢量控制"。

对于三相逆变器,根据三路开关的状态可以生成 6 个互差 60°的非零电压矢量 $V_1 \sim V_6$,以及零矢量 V_0、V_7,矢量分布如图 3-2-7 所示。

当开关状态为(000)或(111)时,即生成零矢量,这时逆变器上半桥或下半桥功率器件全部导通,因此输出线电压为零。

由于电动机磁链矢量是空间电压矢量的时间积分,因此控制电压矢量就可以控制磁链的轨迹和速率。在电压矢量的作用下,磁链轨迹越是接近圆,电动机脉动转矩越小,运行性能越好。

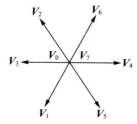

图 3-2-7　电压空间矢量分布图

为了比较方便地演示空间电压矢量 PWM 控制方式的本质,实验中采用了最简单的六边形磁链轨迹。尽管如此,其效果仍优于 SPWM 方法。

四、实验设备

(1)电源控制屏 DZ01:包括三相电源输出等单元。

(2)三相异步电动机变频调速控制组件(参照附录一 DJK13):包括 SPWM 调制等控制波形观测点,变压、变频调速主电路等单元。

(3)三相鼠笼式异步电动机:$P_N = 180$ W,$U_N = 380/220$ V、$I_N = 0.6/1.14$ A、$n_N = 1430$ r/min。

(4)双踪示波器、万用表。

五、注意事项

（1）在频率不等于零的时候，不允许打开电动机开关，以免发生危险；切莫在电动机运行中堵转。

（2）带异步电动机负载运行时，开机顺序是先打开主电路电源（钮子开关），再打开控制电路电源（挂件开关），然后从零开始增加频率。

（3）在低频段运行时间要短，以防止电动机发热。

（4）实验完毕，先把控制频率退到零，再关断主电路电源、控制电路电源。

（5）异步电动机三相绕组接成三角形。

六、实验方法

（一）观测 SPWM、马鞍波、SVPWM 信号波形

1.观测 SPWM 信号波形

（1）打开控制电路挂件电源开关，关闭主电路开关（钮子开关），调制方式设定在 SPWM 方式下（将控制部分 S、V、P 的三个端子都悬空），然后按下电源控制屏"启动"按钮。

（2）点动"增速"按键，将频率设定为 0.5 Hz，在 SPWM 部分观测三相正弦波信号（在测试点"2""3""4"）、三角载波信号（在测试点"5"）、三相 SPWM 调制信号（在测试点"6""7""8"）；再点动"转向"按键，改变转动方向，观测上述各信号的相位关系变化。逐步升高频率，直至到达 50 Hz 处，重复以上的步骤。

将频率设置为在 0.5～60 Hz 的范围内改变，在测试点"2""3""4"中观测正弦波信号的频率和幅值的关系。测试完毕点动"减速"按键将频率退到零，关闭控制电路电源开关。

2.观测马鞍波 PWM 信号波形

（1）打开控制电路挂件电源开关，关闭主电路开关（钮子开关），调制方式设定在马鞍波调试方式下（将控制部分 V、P 两端用导线短接，S 端悬空），然后按下电源控制屏"启动"按钮。

（2）方法、测试点与 SPWM 信号相同。

3.观测 SVPWM 信号波形

（1）打开控制电路挂件电源开关，关闭主电路开关（钮子开关），将调制方式设定在空间电压矢量方式下（将控制部分 S、V 两端用导线短接，P 端悬空），然后按下电源控制屏"启动"按钮。

（2）点动"增速"按键，将频率设定为 0.5 Hz，用示波器观测 SVPWM 部分的三相矢量信号（在测试点"10""11""12"）、三角载波信号（在测试点"14"）、PWM 信号（在测试点"13"）、三相 SVPWM 调制信号（在测试点"15""16""17"）；再点动"转向"按键，改变转动方向，观测上述各信号的相位关系变化。逐步升高频率，直至 50 Hz 处，重复以上的步骤。

将频率设置为在 0.5～60 Hz 的范围内改变，在测试点"13"中观测占空比与频率的关系（在 V/F 函数不变的情况下）。测试完毕后点动"减速"按键将频率退到零，关闭控制电路电源开关。

（二）三相 SPWM、马鞍波、SVPWM 变频调速系统实验

1.控制电路接线

设定 SPWM 调制方式：将控制单元的 S、V、P 端子悬空。

设定马鞍波 PWM 调制方式：将控制单元的 V、P 两端子短接，S 端悬空。

设定 SVPWM 调制方式：将控制单元的 S、V 两端子短接，P 端悬空。

2.负载接线

三相异步电动机三相绕组接成三角形，再按照对应相序与变压、变频电源主电路输出端连接。

3.实验方法

将控制电路按照 SPWM 调制方式（或马鞍波 PWM 调制方式、SVPWM 调制方式）接线，启动电源控制屏开关，打开主电路开关（钮子开关 K），再接通控制电路电源开关。点动"增速""减速""转向"按键增加频率、降低频率以及改变转向，观测电动机加减速过程和运行状况（运行稳定性、噪声、发热等），特别注意电动机低速运行情况，同时观测并记录三相逆变器输出电压波形。

测量并记录频率为 50 Hz 时，主电路直流电压和逆变器输出电压。测试完成后将频率退到零，关闭主电路开关和控制电路开关。

七、实验报告要求

（1）根据实验记录画出不同调制方式下调制波、载波及形成的 PWM 波形。

（2）根据实验记录分析不同调制方式下变压、变频电源输出线电压波形有何异同。

（3）说明 SPWM 和马鞍波控制的基本原理，分析采用马鞍波调制后 PWM 输出电压比采用正弦波脉宽调制的 PWM 输出电压有较高的基波电压分量的原因。

（4）说明 SVPWM 控制变频调速的原理。

（5）比较三相 SPWM、马鞍波、SVPWM 三种调制方式下电动机的运行状况，总结分析三种调制方式对三相异步电动机变频调速系统性能的影响。

实验九　DSP 控制三相异步电动机变频调速实验（C 语言版）

一、实验目的

（1）掌握 SPWM、马鞍波、SVPWM 三相异步电动机变频调速原理。

（2）了解 DSP 控制三相异步电动机变频调速实验方法。

二、实验内容

（1）SPWM 变频调速实验。

（2）马鞍波变频调速实验。

（3）SVPWM 变频调速实验。

三、实验原理

实验原理参见第三章实验八三相 SPWM、马鞍波、SVPWM 变频调速系统实验。

四、实验设备

(1)电源控制屏 DZ01：包括三相电源输出等单元。

(2)PEC25 型实验组件：包括 DSP 控制系统、三相逆变器主电路等单元。

(3)D42 电阻箱。

(4)DJ16-2 型三相鼠笼式异步电动机（装在 DD03-8B 导轨上）。

(5)DSP 实时在线仿真器（含 mini USB 线）。

(6)电脑（安装有 CCStudio v6.2 等软件）。

(7)USB 转 RS232 串口线。

五、注意事项

(1)设备工作时带有强电，操作应谨慎小心，严禁违反实验规定进行操作。

(2)完成接线或改接线路后必须经指导教师检查和允许，并经组内其他同学检查无误后方可接通电源。实验中如发生事故，应立即切断电源，查清问题和妥善处理故障后，才能继续进行实验。

(3)在通电前，一定要检查接线是否正确。逆变器输出接线不可以短路，否则有可能会损坏 IPM 模块。

(4)做实验前确保接线正确，将控制屏上的三相可调交流电源输出段 U、V、W 依次连接到 PEC25 挂件的 L_1、L_2、L_3。在实验过程中，三相调压器的输出线电压最好不要高于 230 V。

(5)在实验过程中，如果在程序中要求电机正转，但反馈中的速度显示为负，请在断电的情况下调换电机接线顺序，如将原来 A、B、C 对应连接到 PEC25 挂件上的 U_o、V_o、W_o，改为 A、B、C 对应连接到 PEC25 挂件上的 U_o、W_o、V_o。在以后的实验中保持修改过的接法即可。

(6)在实验过程中，切勿使手指、头发以及其他物品等靠近电机，以免发生危险。

(7)程序下载过程中需要将控制屏上的三相调压器输出电压调到最小。

(8)如果在突然加负载过程发现电机堵转，马上减小负载给定，以免电流过大而损坏电机。

六、实验方法

(一)实验准备

(1)首先确保实验程序文件保存在英文目录下。

(2)确认计算机已安装 CCStudio v6.2 软件和异步电机变频调速监控软件。

(3)检查确认控制屏 DJK01 上的电源总开关是否处于"关"状态，调节控制屏左侧三相调压器使输出最小。

（4）将 PEC25 挂件（见图 3-2-8）上的控制电源开关关闭。

（5）将 DJ16-2（见图 3-2-9）型三相鼠笼式异步电动机固定到电机导轨上，连接电机导轨上的速度编码器信号到 PEC25 挂件上的编码器信号接口。

（6）将 DJ16-2 型电动机的三相绕组接成三角形（即 A 与 Z、B 与 X、C 与 Y 分别短接），再将 A、B、C 对应连接到 PEC25 挂件上主电路的输出端 U。、V。、W。。

（7）将控制屏上的三相可调交流电源输出 U、V、W 依次连接到 PEC25 挂件的 L_1、L_2、L_3。

（8）连接仿真器一端到 PEC25 挂件上的 DSP 控制系统 JTAG 口，然后用 USB 线连接仿真器另一端到 PC 上。

（9）用 USB 转 RS232 串口线的一端连接 PEC25 挂件上的 RS232 口，另一端连接 PC 上。

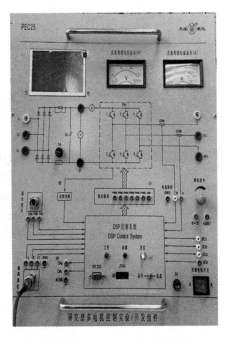

图 3-2-8　PEC25 面板图　　　　图 3-2-9　DJ16-2 三相异步电动机

（二）SPWM 变频调速实验

1.电源上电

打开电源总开关钥匙开关，停止指示灯亮；打开 PEC25 上的控制电源开关；按控制屏上"启动"按钮，启动指示灯亮，三相隔离变压器、调压器得电。

2.实验程序下载

注意：程序下载过程中需要将控制屏上的三相调压器输出调到最小。

（1）打开 CCStudio v6.2 软件，点击菜单栏上的"Project"，选择"Import CCS projects…"。

（2）点击"Browse"，选择"PEC25_CCS6.2\3—1_spwm_2812"，文件夹导入工程，如图

3-2-10 所示。

（3）点击"finish"，得到工程列表，如图 3-2-11 所示。

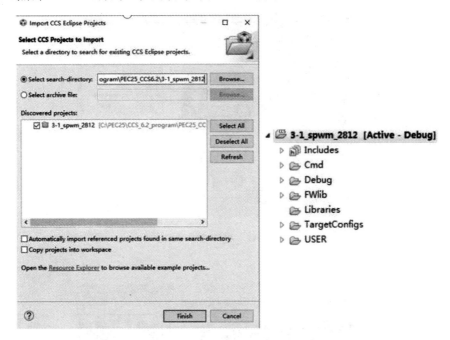

图 3-2-10　文件件导入　　　　　　图 3-2-11　工程列表

（4）点击工具栏上的"🔧"，进行编译。

（5）编译无误后，点击工具栏上的"🐞"，下载程序，进入 debug 界面。

（6）点击工具栏上的"▶"，运行程序。运行之后点击"🖳"，断开仿真器。

3.SPWM 变频调速实验方法

（1）将控制屏上的三相电压指示切换开关打到三相调压输出端。

（2）调节控制屏左侧三相调压器，使输出线电压调至 220 V 左右。

（3）双击运行异步电机变频调速监控软件，选择对应的计算机通信端口。查看接口方式：计算机（右击）—管理—设备管理器—端口 USB Series Port。

（4）功能选择为"正弦脉宽调制"，进入正弦脉宽调制监控界面。

（5）点击"电机启动"按钮，通过拖动上位机软件的给定频率来控制电机的加减速，观察电机的转速变化和工作情况。

（6）使用上位机的正反转功能，观察电机是如何在正反转之间切换的（转速限900 r/min以下）。

（7）在控制电机过程中，通过选择数据选择器下拉菜单相应的选项，可以观察到不同的波形。电流参考波形如图 3-2-12 所示，其中 A 相电流超前 B 相电流120°。A 相调制波与 DSP 比较寄存器 1 的参考波形如图 3-2-13 所示，其中 A 相调制波为正弦波。

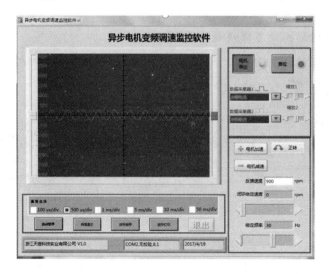

图 3-2-12　电流参考波形

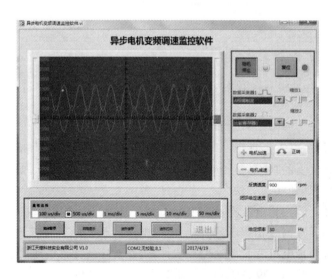

图 3-2-13　A 相调制波与 DSP 比较寄存器 1 的参考波形

（8）点击上位机的"停止"按钮，DSP 停止发出 PWM 脉冲，工作指示灯灭。

（9）点击 CCS 工具栏上的"■"，结束程序运行。

（10）做完实验后，将控制屏上的三相调压器输出电压调至最小，电机停止运行。

4.实验断电

（1）按 DJK01 控制屏上的"停止"按钮，关闭 PEC25 上的控制电源开关。

（2）电源总开关（钥匙开关）逆时针调到"关"位置。

（3）将实验导线从挂件上取下，摆放整齐。

（三）马鞍波变频调速实验

实验方法参照 SPWM 变频调速实验。

实验程序下载：打开 CCStudio v6.2 软件，点击菜单栏上的"Project"，选择"Import CCS projects..."，点击"Browse"，选择"PEC25_CCS6.2\3－2_vvpwm_2812"，文件夹导入工程。

运行异步电机变频调速监控软件后，功能选择为"马鞍波"调制，进入马鞍波调制监控界面。

（四）SVPWM 变频调速实验

实验方法参照 SPWM 变频调速实验。

实验程序下载：打开 CCStudio v6.2 软件，点击菜单栏上的"Project"，选择"Import CCS projects..."，点击"Browse"，选择"PEC25_CCS6.2\3－3_svpwm_2812"，文件夹导入工程。

运行异步电机变频调速监控软件后，功能选择为"空间矢量"调制，进入空间矢量调制制监控界面。

七、实验报告

(1)观察 SPWM 调制有关信号波形，简述 SPWM 变频调速的基本原理。

(2)观察马鞍波调制有关信号波形，简述马鞍波变频调速的基本原理。

(3)简述马鞍波变频调速与 SPWM 变频调速相比有什么优点。

(4)观察 SVPWM 调制有关信号波形，简述电压矢量控制变频调速的基本原理。

(5)简述 SVPWM 变频调速与 SPWM 变频调速相比的有什么优点。

附　录

附录一　DZSZ-1A型电力电子技术及电机控制实验装置

一、装置特点及技术参数

(1)DZSZ-1A型电力电子技术及电机控制实验装置外形如附图1-1所示,装置采用挂件结构,可根据不同实验内容进行自由组合,能在一套装置上完成电力电子技术、现代电力电子装置与应用、电力拖动自动控制系统等课程所开设的主要实验。

附图1-1　DZSZ-1A型电力电子技术及电机控制实验装置外形图

(2)控制屏供电采用三相隔离变压器隔离,设有电压型漏电保护装置和电流型漏电保护装置,切实保护操作者的安全。

(3)实验连接线采用强、弱电分开的手枪式插头,避免强电接入弱电设备造成设备损坏。

(4)挂件面板分为三种接线孔:强电、弱电及波形观测孔。三者有明显的区别,不能互插。

技术参数如下:

输入电压:三相四线制,380 V±10%,50±1 Hz;

装置容量:≤1.5 kVA;

电动机输出功率:≤200 W;

工作环境:环境温度范围为−5 ℃~40 ℃,相对湿度≤75%,海拔≤1000 m;

外形尺寸:长×宽×高=1870 mm×730 mm×1600 mm。

二、电源控制屏(DJK01)

电源控制屏如附图 1-2 所示,主要为实验提供三相交流电源和直流励磁电源。在控制屏正面的大凹槽内,设有两根不锈钢管,可挂置实验所需挂件,凹槽底部设有 12 芯、10 芯、4 芯、3 芯等插座,有源挂件的电源由这些插座提供。在控制屏两边设有单相三极220 V电源插座及三相四极 380 V 电源插座,此外还设有供实验台照明用的 40 W 日光灯。

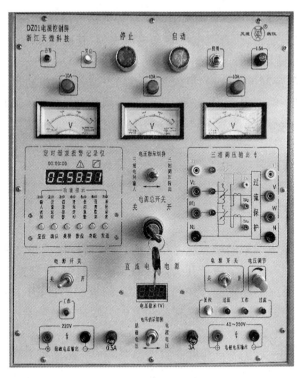

附图 1-2　电源控制屏

(1)三相电网电压指示:三相电网电压指示主要用于检测输入的电网电压是否有缺相,操作钥匙开关上面的钮子开关,通过观测三块指针式电压表判定三相电网电压是否平衡。

（2）定时器兼报警记录仪：平时作为时钟使用，具有设定实验时间、定时报警、切断电源等功能。

（3）电源控制部分：由电源总开关、启动按钮及停止按钮组成。当打开电源总开关时，红灯亮；当按下"启动"按钮后，红灯灭，绿灯亮，此时控制屏的三相主电路及励磁电源都有输出。

（4）三相主电路输出：三相主电路输出可提供三相交流 200 V/3 A 或 240 V/3 A 电源。在 U_1、V_1、W_1 三相处装有黄、绿、红发光二极管，用以指示输出电压。同时在主电源输出回路中还装有电流互感器。电流互感器可测定输出电流的大小，供电流反馈和过流保护使用，面板上的 TA_1、TA_2、TA_3 三处观测点用于观测三路输出电压信号。

（5）励磁电源：在按下"启动"按钮后将励磁电源开关拨至"开"侧，则励磁电源输出 220 V 的直流电压，并有发光二极管指示输出是否正常，励磁电源由 0.5 A 熔丝做短路保护。励磁电源仅为直流电动机提供励磁电流。由于励磁电源的容量有限，一般不要作为大电流的直流电源使用。

三、各实验所用挂件功能

（一）DJK02 挂件（晶闸管主电路）

该挂件装有 12 只晶闸管、直流电压表和电流表等，其面板如附图 1-3 所示。

1.三相同步信号输出端

同步信号从电源控制屏内获得，屏内装有 △/Y 接法的三相同步变压器，和主电源输出同相，其输出相电压幅度为 15 V 左右，供三相晶闸管触发电路（如 DJK02-1 等挂件）使用，从而产生移相触发脉冲。只要将本挂件的 12 芯插头与屏相连接，则输出相位一一对应三相同步电压信号。

2.正、反桥脉冲输入端

从三相晶闸管触发电路（如 DJK02-1 等挂件）来的正、反桥触发脉冲分别通过输入接口加到相应的晶闸管电路上。

3.正、反桥钮子开关

从正、反桥脉冲输入端来的触发脉冲信号通过正、反桥钮子开关接至相应晶闸管的门极和阴极。面板上共设有 12 个钮子开关，分为正、反桥两组，分别控制对应的晶闸管的触发脉冲。开关置于"通"侧，触发脉冲接到晶闸管的门极和阴极；开关置于"断"侧，触发脉冲被切断。通过拨动钮子开关，可以模拟晶闸管失去脉冲的故障情况。

4.三相正、反桥主电路

正桥主电路和反桥主电路分别由 6 只 5 A/1000 V 晶闸管等组成。其中由 $VT_1 \sim VT_6$ 组成正桥元件（一般不可逆、可逆系统的正桥使用正桥元件）；由 $VT_1' \sim VT_6'$ 组成反桥元件（可逆系统的反桥以及需单个或几个晶闸管的实验可使用反桥元件）。所有这些晶闸管元件均有阻容吸收及熔丝保护功能。此外，正桥还设有接成三角形的压敏电阻，起过压吸收作用。

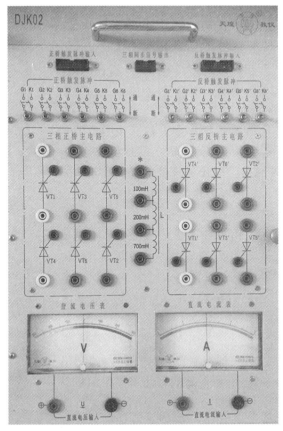

附图 1-3　DJK02 面板图

5.电抗器

实验主回路中所使用的平波电抗器装在电源控制屏内,其各引出端通过 12 芯的插座连接到 DJK02 面板的中间位置,有 3 挡电感量可供选择,分别为 100 mH、200 mH、700 mH(各挡在 1 A 电流下能保持线性),可根据实验需要选择合适的电感值。电抗器回路中串有 3 A 熔丝保护,熔丝装在电抗器旁。

6.直流电压表及直流电流表

面板上装有 ±300 V 的带镜面直流电压表、±2 A 的带镜面直流电流表,均为中零式,精度为 1.0 级,为可逆调速系统提供电压及电流指示。

(二)DJK02-1 挂件(三相晶闸管触发电路)

该挂件装有三相触发电路、功放电路等,面板如附图 1-4 所示。

1.移相控制电压 U_c 输入及偏移电压 U_b 观测及调节

U_c 及 U_b 用于控制触发电路的移相角。在一般情况下,首先将 U_c 接地,调节 U_b,以确定触发脉冲的初始位置;当初始触发角确定后,在以后的调节中只调节 U_c,这样能确保移相角始终不会大于初始位置,防止实验失败;如在逆变实验中初始移相角 $\alpha=150°$ 定下后,调节 U_c,都能保证 $\beta>30°$,防止在实验过程中出现逆变颠覆。

2.触发脉冲指示

在触发脉冲指示处设有钮子开关用以控制触发电路，开关拨至左边，绿色发光管亮，在触发脉冲观察孔处可观测到后沿固定、前沿可调的宽脉冲链；开关拨至右边，红色发光管亮，触发电路产生双窄脉冲。

3.三相同步信号输入端

通过专用的 10 芯扁平线将 DJK02 上的三相同步信号输出端与 DJK02-1 上的三相同步信号输入端连接，为其内部的触发电路提供同步信号。同步信号也可以从其他地方提供，但要注意同步信号的幅度和相序问题。

4.锯齿波斜率调节与观察孔

打开挂件的电源开关，由外接同步信号经 KC04 集成触发电路，产生三路锯齿波信号，调节相应的斜率调节电位器，可改变相应的锯齿波斜率。三路锯齿波斜率应保证基本相同，使六路触发信号同时出现，且双窄脉冲间隔基本一致。

5.控制电路

可产生三相六路互差 60° 的双窄脉冲或三相六路后沿固定、前沿可调的宽脉冲链，供触发晶闸管使用。在面板上设有三相同步信号观察孔、两路触发脉冲观察孔。$VT_1 \sim VT_6$ 为单脉冲观察孔（在触发脉冲指示为"窄脉冲"）或宽脉冲观察孔（在触发脉冲指示为"宽脉冲"）；$VT'_1 \sim VT'_6$ 为双脉冲观察孔（在触发脉冲指示为"窄脉冲"）或宽脉冲观察孔（在触发脉冲指示为"宽脉冲"）。

6.正、反桥功放电路

正、反桥功放电路的原理以正桥的一路为例，如附图 1-5 所示。由触发电路输出的脉冲信号经功放电路中的 V_2、V_3 三极管放大后由脉冲变压器 T_1 输出。U_{lf} 即为 DJK02 面板上的 U_{lf} 点，该点接地才可使 V_3 工作，脉冲变压器输出脉冲；正桥共有六路功放电路，其余的五路电路完全与这一路一致；反桥功放和正桥功放线路完全一致，只是控制端由 U_{lf} 改为 U_{lr}。

7.正桥控制端 U_{lf} 及反桥控制端 U_{lr}

这两个端子用于控制正、反桥功放电路的工作与否。当端子与地短接时，表示功放电路工作，触发电路产生的脉冲经功放电路最终输出；当端子悬空时，表示功放电路不工作，U_{lf} 端子控制正桥功放，U_{lr} 端子控制反桥功放。

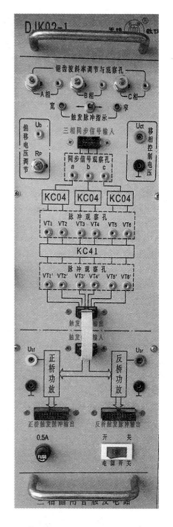

附图 1-4　DJK02 面板图

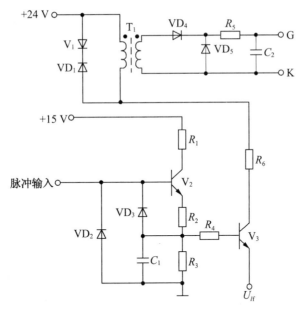

附图 1-5 功放电路原理图

8.正、反桥脉冲输出端

经功放电路放大的触发脉冲,通过专用的 20 芯扁平线将 DJK02 的正反桥脉冲输入端与 DJK02-1 的正、反桥脉冲输出端连接,为其晶闸管提供相应的触发脉冲。

(三)DJK03-1 挂件(晶闸管触发电路)

晶闸管装置的正常工作与其触发电路的正确、可靠运行密切相关,门极触发电路必须按主电路的要求来设计。为了能可靠触发晶闸管,应满足以下要求:

(1)触发脉冲应有足够的功率,触发脉冲的电压和电流应大于晶闸管要求的数值,并保留足够的裕量。

(2)为了实现变流电路输出的电压连续可调,触发脉冲的相位应能在一定的范围内连续可调。

(3)触发脉冲与晶闸管主电路电源必须同步,两者频率应该相同,而且要有固定的相位关系,使每一周期都能在同样的相位上触发。

(4)触发脉冲的波形要符合一定的要求。多数晶闸管电路要求触发脉冲的前沿要陡,以实现精确的导通控制。对于电感负载,由于电感的存在,其回路中的电流不能突变,所以要求其触发脉冲要有一定的宽度,以确保主回路的电流在没有上升到晶闸管擎住电流之前,其门极与阴极始终有触发脉冲存在,保证电路可靠工作。

DJK03-1 挂件是晶闸管触发电路专用实验挂箱,面板如附图 1-6 所示,其中有单结晶体管触发电路、正弦波同步移相触发电路、锯齿波同步移相触发电路Ⅰ和Ⅱ、单相交流调压触发电路以及西门子 TCA785 集成触发电路。

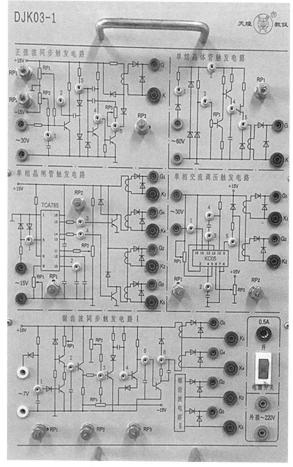

附图 1-6　DJK03-1 面板图

1.单结晶体管触发电路

利用单结晶体管(又称"双基极二极管")的负阻特性和 RC 的充放电特性,可组成频率可调的自激振荡电路,如附图 1-7 所示。

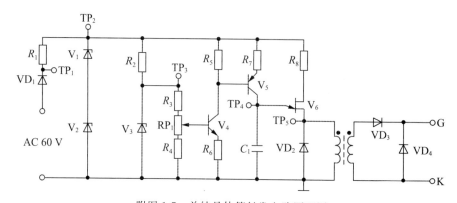

附图 1-7　单结晶体管触发电路原理图

图中 V_6 为单结晶体管,其常用的型号有 BT33 和 BT35 两种,由 V_5 和 C_1 组成组成 RC 充电回路,由 C_1、V_6、脉冲变压器组成电容放电回路,调节 RP_1 即可改变 C_1 充电回路中的等效电阻。

工作原理:由同步变压器副边输出 60 V 的交流同步电压,经 VD_1 半波整流,再由稳压管 V_1、V_2 进行削波,从而得到梯形波电压,其过零点与电源电压的过零点同步,梯形波通过 R_7 及等效可变电阻 V_5 向电容 C_1 充电,当充电电压达到单结晶体管的峰值电压 U_P 时,单结晶体管 V_6 导通,电容通过脉冲变压器原边放电,脉冲变压器副边输出脉冲。同时由于放电时间常数很小,C_1 两端的电压很快下降到单结晶体管的谷点电压 U_V,使 V_6 关断,C_1 再次充电,周而复始,在电容 C_1 两端呈现锯齿波形,在脉冲变压器副边输出尖脉冲。在一个梯形波周期内,V_6 可能导通、关断多次,但只有输出的第一个触发脉冲对晶闸管的触发时刻起作用。充电时间常数由电容 C_1 和等效电阻等决定,调节 RP_1 改变 C_1 的充电的时间,控制第一个尖脉冲的出现时刻,实现脉冲的移相控制。单结晶体管触发电路各点的电压波形如附图 1-8 所示。

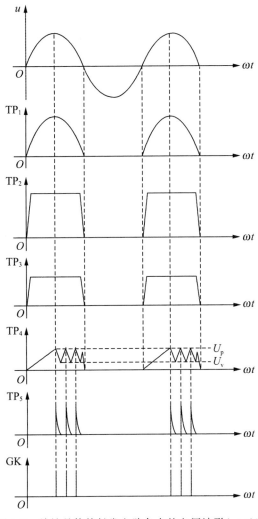

附图 1-8　单结晶体管触发电路各点的电压波形($\alpha = 90°$)

电位器 RP$_1$ 已装在面板上,同步信号已在内部接好,所有的测试信号都在面板上引出。

2.正弦波同步移相触发电路

正弦波同步移相触发电路由同步移相、脉冲放大等环节组成,其原理如附图 1-9 所示。

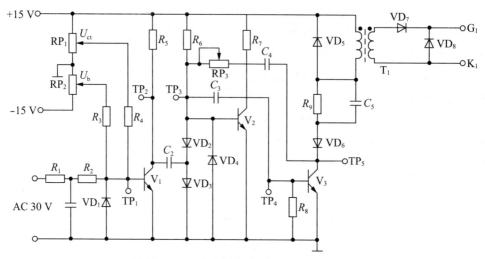

附图 1-9　正弦波同步移相触发电路原理图

同步信号由同步变压器副边提供,三极管 V$_1$ 左边部分为同步移相环节,在 V$_1$ 的基极综合了同步信号电压 U$_T$、偏移电压 U$_b$ 及控制电压 U$_c$(电位器 RP$_1$ 调节 U$_c$,RP$_2$ 调节 U$_b$)。调节 RP$_1$ 及 RP$_2$ 均可改变三极管 V$_1$ 的翻转时刻,从而控制触发角的位置。脉冲形成整形环节是一分立元件的集基耦合单稳态脉冲电路,V$_2$ 的集电极耦合到 V$_3$ 的基极,V$_3$ 的集电极通过 C$_4$、RP$_3$ 耦合到 V$_2$ 的基极。当 V$_1$ 未导通时,R$_6$ 供给 V$_2$ 足够的基极电流使之饱和导通,V$_3$ 截止。电源电压通过 R$_9$、T$_1$、VD$_6$、V$_2$ 对 C$_4$ 充电至 15 V 左右,极性为左负右正。

当 V$_1$ 导通时,V$_1$ 的集电极从高电位翻转为低电位,V$_2$ 截止,V$_3$ 导通,脉冲变压器输出脉冲。由于设置了 C$_4$、RP$_3$ 阻容正反馈电路,使 V$_3$ 加速导通,提高输出脉冲的前沿陡度。同时,V$_3$ 导通经正反馈耦合,V$_2$ 的基极保持低电压,V$_2$ 维持截止状态,电容通过 RP$_3$、V$_3$ 放电到零,再反向充电,当 V$_2$ 的基极升到 0.7 V 后,V$_2$ 从截止变为导通,V$_3$ 从导通变为截止。V$_2$ 的基极电位上升 0.7 V 的时间由其充放电时间常数所决定,改变 RP$_3$ 的阻值就改变了其时间常数,也就改变了输出脉冲的宽度。

正弦波同步移相触发电路的各点电压波形如附图 1-10 所示。

电位器 RP$_1$、RP$_2$、RP$_3$ 均已安装在面板上,同步变压器副边已在内部接好,所有的测试信号都在面板上引出。

3.锯齿波同步移相触发电路Ⅰ、Ⅱ

锯齿波同步移相触发电路Ⅰ、Ⅱ由同步检测、锯齿波形成、移相控制、脉冲形成、脉冲放大等环节组成,其原理图如附图 1-11 所示。

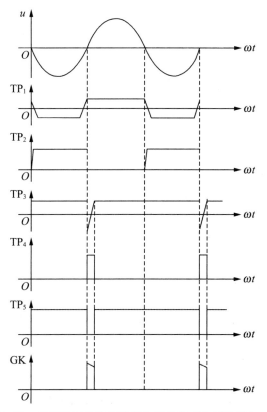

附图 1-10　正弦波同步移相触发电路的各点电压波形$(\alpha = 0°)$

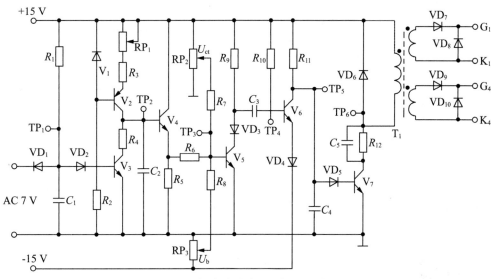

附图 1-11　锯齿波同步移相触发电路原理图

由 V_3、VD_1、VD_2、C_1 等元件组成同步检测环节,其作用是利用同步电压 U_T 来控制锯齿波产生的时刻及锯齿波的宽度。由 V_1、V_2 等元件组成的恒流源电路,当 V_3 截止时,恒流源对 C_2 充电形成锯齿波;当 V_3 导通时,电容 C_2 通过 R_4、V_3 放电。调节电位器 RP_1 可以调节恒流源的电流大小,从而改变锯齿波的斜率。控制电压 U_c、偏移电压 U_b 和锯齿波电压在 V_5 基极综合叠加,从而构成移相控制环节,RP_2、RP_3 分别调节控制电压 U_c 和偏移电压 U_b 的大小。V_6、V_7 构成脉冲形成放大环节,C_5 为强触发电容改善脉冲的前沿,由脉冲变压器输出触发脉冲。电路的各点电压波形如附图 1-12 所示。

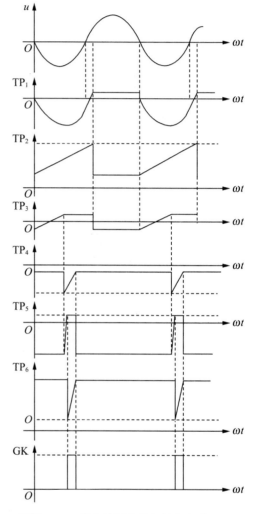

附图 1-12　锯齿波同步移相触发电路 I
各点电压波形($\alpha = 90°$)

本装置有两路锯齿波同步移相触发电路,I 和 II 在电路上完全一样,只是 II 输出的触发脉冲相位与 I 恰好互差 180°,供单相整流及逆变实验用。

电位器 RP_1、RP_2、RP_3 均已安装在挂箱的面板上,同步变压器副边已在挂箱内部接好,所有的测试信号都在面板上引出。

4.单相交流调压触发电路

单相交流调压触发电路采用 KC05 集成晶闸管移相触发器。该集成触发器适用于触发双向晶闸管或两个反向并联晶闸管组成的交流调压电路,具有失交保护、输出电流大等优点,是交流调压的理想触发电路。单相交流调压触发电路原理图如附图 1-13 所示。

同步电压由 KC05 的"15""16"端输入,在 TP_2 点可以观测到锯齿波,电位器 RP_1 调节锯齿波的斜率,电位器 RP_2 调节移相角度,触发脉冲从 9 端,经脉冲变压器输出。

电位器 RP_1、RP_2 均已安装在挂箱的面板上,同步变压器副边已在挂箱内部接好,所有的测试信号都在面板上引出。

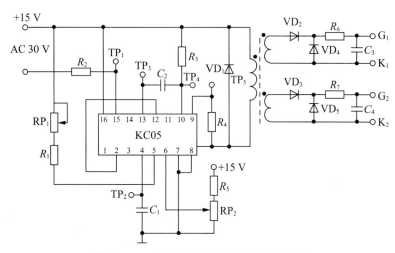

附图 1-13　单相交流调压触发电路原理图

（四）DJK04 挂件（电动机调速控制实验 Ⅰ）

该挂件主要完成电动机调速实验，如单闭环直流调速实验、双闭环直流调速实验。DJK04 的面板如附图 1-14 所示。

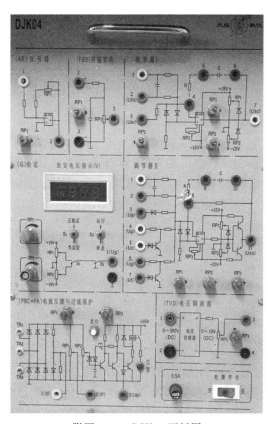

附图 1-14　DJK04 面板图

1.电流反馈与过流保护(FBC+FA)

本单元主要功能是检测主电源输出的电流反馈信号,并且当主电源输出电流超过某一设定值时发出过流信号切断控制屏输出主电源,其原理如附图 1-15 所示。

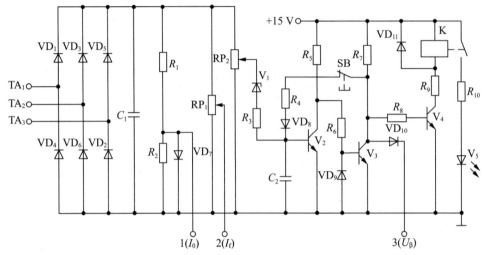

附图 1-15　电流反馈与过流保护原理图

图中 TA_1、TA_2、TA_3 为电流互感器的输出端,它的电压高低反映三相主电路输出的电流大小,面板上的三个圆孔均为观测孔,只要将 DJK04 挂件的 10 芯电源线与电源控制屏的相应插座连接(不需在外部进行接线),TA_1、TA_2、TA_3 就与屏内的电流互感器输出端相连,打开挂件电源开关后,过流保护就处于工作状态。

(1)电流反馈与过流保护单元的输入端 TA_1、TA_2、TA_3 来自电流互感器的输出端,反映负载电流大小的电压信号经三相桥式整流电路整流后加至 RP_1、RP_2 及 R_1、R_2、VD_7 组成的 3 条支路上。

R_2 与 VD_7 并联后再与 R_1 串联,在 VD_7 的阳极取零电流检测信号从"1"端输出,供零电平检测用。当电流反馈的电压比较低的时候,"1"端的输出由 R_1、R_2 分压所得,VD_7 处于截止状态。当电流反馈的电压升高的时候,"1"端的输出也随着升高,当输出电压接近 $0.6~V$ 时,VD_7 导通,使"1"端输出始终钳位在 $0.6~V$ 左右。

将 RP_1 的滑动抽头端输出作为电流反馈信号,从"2"端输出,电流反馈系数由 RP_1 进行调节。

RP_2 的滑动触头与过流保护电路相连,调节 RP_2 可调节过流动作电流的大小。

(2)当电路开始工作时,由于 V_2 的基极有电容 C_2 的存在,V_3 必定要比 V_2 先导通,V_3 的集电极低电位,V_4 截止,同时通过 R_4、VD_8 将 V_2 基极电位拉低,保证 V_2 一直处于截止状态。

(3)当主电路电流超过某一数值后,RP_2 上取得的过流电压信号超过稳压管 V_1 的稳压值,击穿稳压管,使三极管 V_2 导通,从而 V_3 截止,V_4 导通使继电器 K 动作,控制屏内的主继电器掉电,切断主电源,挂件面板上的声光报警器发出报警信号,提醒操作者实验装置已过流跳闸。调节 RP_2 抽头的位置,可得到不同的电流报警值。

(4)过流的同时,V_3 由导通变为截止,在集电极产生一个高电平信号从"3"端输出,作为推 β 信号供电流调节器(调节器 Ⅱ)使用。

(5)当过流动作后,电源通过 SB、R_4、VD_8 及 C_2 维持 V_2 导通,V_3 截止、V_4 导通、继电器保持吸合,持续报警。SB 为解除过流记忆的复位按钮,当过流故障排除后,则须按下 SB 以解除记忆,报警电路才能恢复。当按下 SB 按钮后,V_2 基极失电进入截止状态,V_3 导通、V_4 截止,电路恢复正常。

电位器 RP_2 调试方法:调节主回路中串联变阻器 R_M 的阻值,使电流 $I_d = 1.5 I_N$(约 1.7 A),调整电流反馈与过流保护单元的电位器 RP_2,使得 DJK04 恰好在该点报警。注意:此处电位器在出厂时已经调试完毕,如需调节,则在调试后将电位器的螺母重新拧紧,避免误操作使过流保护失效。调节过流保护时需将电流调到 1.7 A,而 D42 上的单个瓷盘电阻的额定电流为 0.41 A,因此要将 4 个以上的瓷盘电阻并联后使用。

2.电压给定(G)

电压给定的原理图如附图 1-16 所示。

电压给定由两个电位器 RP_1、RP_2 及两个钮子开关 S_1、S_2 组成。S_1 为正、负极性切换开关,输出的正、负电压的大小分别由 RP_1、RP_2 来调节,其输出电压范围为 $0 \sim \pm 15$ V。S_2 为输出控制开关,置于"运行"侧,允许电压输出,置于"停止"侧,则输出恒为零。

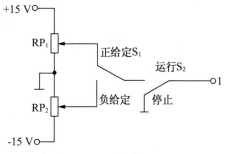

附图 1-16　电压给定原理图

按以下步骤拨动 S_1、S_2,可获得以下信号:

(1)将 S_2 置于"运行"侧,S_1 置于"正给定"侧,调节 RP_1 使给定输出一定的正电压,拨动 S_2 到"停止"侧,此时可获得从正电压突跳到 0 V 的阶跃信号,再拨动 S_2 到"运行"侧,此时可获得从 0 V 突跳到正电压的阶跃信号。

(2)将 S_2 置于"运行"侧,S_1 置于"负给定"侧,调节 RP_2 使给定输出一定的负电压,拨动 S_2 到"停止"侧,此时可获得从负电压突跳到 0 V 的阶跃信号,再拨动 S_2 到"运行"侧,此时可获得从 0 V 突跳到负电压的阶跃信号。

(3)将 S_2 置于"运行"侧,拨动 S_1,分别调节 RP_1 和 RP_2 使输出一定的正、负电压,当 S_1 从"正给定"侧置于"负给定"侧时,得到从正电压到负电压的跳变。当 S_1 从"负给定"侧拨至"正给定"侧时,得到从负电压到正电压的跳变。

元件 RP_1、RP_2、S_1 及 S_2 均安装在挂件的面板上,方便操作。此外,由一只 3 位半的直流数字电压表指示输出电压值。

注意:不允许长时间将输出端接地,特别是输出电压比较高的时候,可能会将 RP_1、RP_2 损坏。

3.转速变换(FBS)

转速变换用于有转速反馈的调速系统中,反映转速变化并把与转速成正比的电压信号变换成适用于控制单元的电压信号。附图 1-17 为其原理图。

使用时,将 DD03-3(或 DD03-2 等)导轨上的电压输出端接至转速变换的输入端"1"

和"2"。输入电压经 R_1 和 RP_1 分压,调节电位器 RP_1 可改变转速反馈系数。

4.调节器Ⅰ

调节器Ⅰ的功能是对给定和反馈两个输入量进行加法、减法、比例、积分和微分等运算,使其输出按某一规律变化。调节器Ⅰ由运算放大器、输入与反馈环节及二极管限幅环节组成。其原理如附图 1-18 所示。

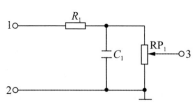

附图 1-17　转速变换原理图

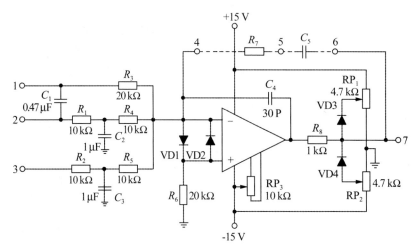

附图 1-18　调节器Ⅰ原理图

"1""2""3"端为信号输入端。二极管 VD_1 和 VD_2 起运放输入限幅、保护运放的作用。二极管 VD_3、VD_4 和电位器 RP_1、RP_2 组成正、负限幅可调的限幅电路。由 C_1、R_3 组成微分反馈校正环节,有助于抑制振荡,减少超调。R_7、C_5 组成速度环串联校正环节,其电阻、电容均从 DJK08 挂件上获得。改变 R_7 的阻值可改变系统的放大倍数,改变 C_5 的电容值可改变系统的响应时间。RP_3 为调零电位器。

电位器 RP_1、RP_2、RP_3 均安装在面板上。电阻 R_7、电容 C_1 和电容 C_5 两端在面板上装有接线柱,可根据需要外接电阻及电容,一般在自动控制系统实验中作为速度调节器使用。

5.反号器(AR)

反号器由运算放大器及相关电阻组成,用于调速系统中信号需要倒相的场合,如附图 1-19 所示。

反号器的输入信号 U_1 由运算放大器的反相输入端输入,故输出电压 U_2 为:

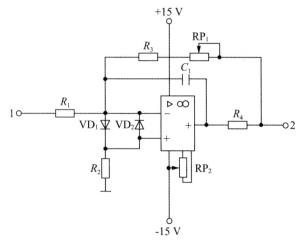

附图 1-19　反号器原理图

$$U_2 = \frac{-(RP_1 + R_3)}{R_1} \times U_1 。$$

调节电位器 RP_1 的滑动触点,改变 RP_1 的阻值,使 $RP_1 + R_3 = R_1$,则:$U_2 = -U_1$。

输入与输出呈倒相关系。电位器 RP_1 装在面板上,调零电位器 RP_2 装在内部线路板上(在出厂前已将运放调零,用户不需调零)。

6.调节器Ⅱ

调节器Ⅱ由运算放大器、限幅电路、互补输出、输入阻抗网络及反馈阻抗网络等环节组成,工作原理基本上与调节器Ⅰ相同,其原理图如附图 1-20 所示。调节器Ⅱ也可当作调节器Ⅰ使用。元件 RP_1、RP_2、RP_3 均装在面板上,电容 C_1、电容 C_7 和电阻 R_{13} 的数值可根据需要由外接电阻、电容来改变,一般在自动控制系统实验中作为电流调节器使用。

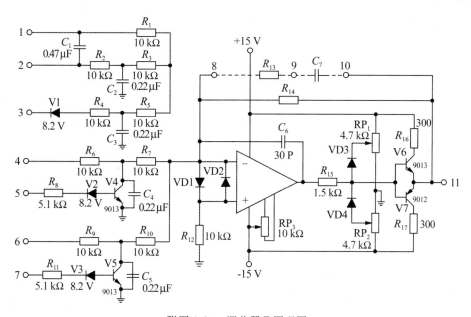

附图 1-20　调节器Ⅱ原理图

调节器Ⅱ与调节器Ⅰ相比,增加了几个输入端,其中"3"端接推 β 信号。当主电路输出过流时,电流反馈与过流保护的"3"端输出一个推 β 信号(高电平),击穿稳压管,正电压信号输入运放的反向输入端,使调节器的输出电压下降,使 α 角向 $180°$ 方向移动,使晶闸管从整流区移至逆变区,降低输出电压,保护主电路。"5""7"端接逻辑控制器的相应输出端,当有高电平输入时,击穿稳压管,三极管 V_4、V_5 导通,将相应的输入信号对地短接。在逻辑无环流实验中,"4""6"端同为输入端,其输入的值正好相反,如果两路输入都有效的话,两个值正好抵消为零,这时就需要通过"5""7"端的电压输入来控制。在同一时刻,只有一路信号输入起作用,另一路信号接地、不起作用。

7.电压隔离器(TVD)

电压隔离器的目的是为电压环提供电压反馈信号,在本实验装置中采用 WB121(见附图 1-21)电压传感器。它利用

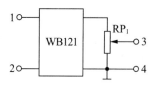

附图 1-21　电压隔离器

线性光耦隔离,对输入的直流电压进行实时测量,并转变为适当的电压值输出,通过调节电位器 RP_1,可得到所需的电压反馈系数。

WB121 的主要技术指标如下:

输入电压范围:0~300 V;

输出电压范围:0~10 V;

测量精度:0.2 级;

输出负载能力:5 mA(DC)。

(五)DJK06 挂件(给定及实验器件)

该挂件由给定、负载及+24 V 直流电源等组成。面板如附图 1-22 所示。

(1)负载灯泡:作为电力电子实验的电阻负载。

(2)给定:作为新器件特性实验中的给定电平触发信号,或提供 DJK02-1 的移相控制电压。电压范围为 $-15\text{ V}\sim0\text{ V}$ $\sim+15\text{ V}$。

(3)+24 V 电源:该+24 V 直流电源主要提供单相并联逆变实验所需的直流电源,输出最大电流为 0.5 A。输出通过一钮子开关控制,输出端有 0.5 A 熔丝保护。

(4)二极管:提供 4 个二极管可作为普通整流二极管,也可作为晶闸管实验带电感负载时所需续流二极管。在回路中有一个钮子开关对其进行通断控制。注意:由于该二极管工作频率不高,故不能将此二极管当快速恢复二极管使用。其规格为:耐压 800 V,最大电流 3 A。

(5)压敏电阻:3 个压敏电阻(规格为:3 kA/510 V)用于三相反桥主电路的电源输入端,作为过电压保护,内部已连成三角形接法。注意:不可输入高于 510 V 的峰值电压,否则将造成压敏电阻损坏。

(六)DJK08 挂件(可调电阻、电容箱)

(1)DJK08 挂件作为电动机调速控制中电流、速度调节器的外接电阻、电容,共有 2 组可调电阻、3 组可调电容,面板如附图

附图 1-22　DJK06 面板图

1-23 所示。2 组电阻可以在 0~999 kΩ 范围内调节,额定功率为 2 W;2 组电容在 0.1~8.37 μF 范围内可调,剩余 1 组电容在 0.1~11.37 μF 范围内可调,其耐压值为 63 V(注意:使用时外加的电压信号值不能超过此值)。

(2)可调电容箱处装有钮子开关和琴键开关,4 个钮子开关为一路,共有三路,分别控制各自的电容输出端,将开关拨至"接入"位置表示已将钮子开关所标的电容值接入,拨至"断开"位置则表示将该电容断开。钮子开关上部有一组琴键,每组琴键开关分别控制其下面三路电容的接入,按下琴键开关的任意键,则表示已将该键所标的电容值接入下面三路电容输出端。

（七）DJK09 挂件（单相调压与可调负载）

该挂件由可调电阻、整流与滤波、单相自耦调压器组成,面板如附图 1-24 所示。

(1)可调电阻:由两个同轴 90 Ω/1.3 A 瓷盘电阻构成,通过旋转手柄调节电阻值的大小,单个电阻回路中有 1.5 A 熔丝保护。

(2)整流与滤波:作用是将交流电源通过二极管整流输出直流电源,供实验中直流电源使用,交流输入侧输入最大电压为 250 V,有 2 A 熔丝保护。

(3)单相自耦调压器:额定输入交流 220 V,输出 0～250 V 可调电压。

（八）DJK10 挂件（变压器实验）

该挂件由三相心式变压器、逆变变压器以及三相不控整流桥组成,面板如附图 1-25 所示。

三相芯式变压器:在绕线式异步电动机串级调速系统中作为逆变变压器使用,在三相桥式、单相桥式有源逆变电路实验中也要使用该挂箱。该变压器有 2 套副边绕组,原、副边绕组的相电压为 127 V/63.5 V/31.8 V(如果为 Y/Y/Y 接法,则线电压为 220 V/110 V/55 V)。

逆变变压器:额定电压为 24 V,额定电流为 0.5 A,变压比为 1,用于单相并联逆变实验。

三相不控整流桥:由 6 只二极管组成桥式整流,最大电流为 3 A,可用于三相桥式、单相桥式有源逆变电路及直流斩波原理实验中的高压直流电源等。

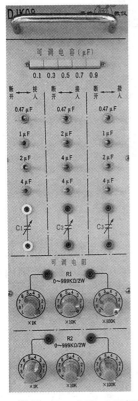

附图 1-23　DJK08 面板图

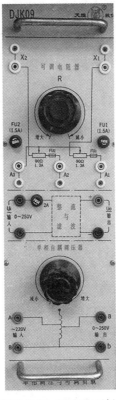

附图 1-24　DJK09 面板图

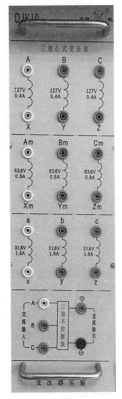

附图 1-25　DJK10 面板图

（九）DJK13 挂件（三相异步电动机变频调速控制）

DJK13 可完成三相正弦波脉宽调制（SPWM）变频原理实验、三相马鞍波脉宽调制变频原理实验、三相空间电压矢量（SVPWM）变频原理等实验，面板如附图 1-26 所示。

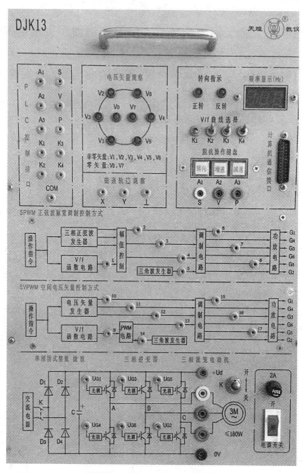

附图 1-26　DJK13 面板图

1.显示、控制及计算机通信接口

控制部分由转向、增速、减速 3 个按键及 4 个钮子开关等组成。

每次点动"转向"键，电动机的转向就改变一次，点动"增速"及"减速"键，电动机的转速升高或降低，频率的范围为 0.5～60 Hz，步进频率为 0.5 Hz。在 0.5～50 Hz 范围内是恒转矩变频，50～60 Hz 为恒功率变频。

K_1、K_2、K_3、K_4 4 个钮子开关为 V/F 函数曲线选择关，每个开关代表一个二进制，将钮子开关拨到上面，表示"1"，拨到下面，表示"0"，从"0000"到"1111"共 16 条 V/F 函数曲线。

在按键的下面有"S""V""P"3 个插孔，作用是切换变频模式。当 3 个全部悬空时，工作在 SPWM 模式下。当短接"V""P"时，工作在马鞍波模式下。当短接"S""V"时，工作在 SVPWM 模式下。不允许将"S""P"插孔短接,否则会造成不可预料的后果。

通信接口用于本挂件与计算机联机,通过对计算机键盘和鼠标的操作,完成各种控制和在显示器上显示相应点的波形。使用时必须用附带的计算机插件板、专用软件与连接电缆。

2.电压矢量观察

使用旋转灯光法来形象表示 SVPWM 的工作方式。通过对 $V_0 \sim V_7$ 8 个电压矢量的观察,更加形象直观地了解 SVPWM 的工作过程。

3.磁通轨迹观测

在不同的变频模式下,其电动机内部磁通轨迹是不一样的。面板上特别设有 X、Y 观测孔,分别接至示波器的 X、Y 通道,可观测到不同模式下的磁通轨迹。

4.PLC 控制接口

面板上所有控制部分(包括 V/F 函数选择,转向、增速、减速按键,S、V、P 的切换)的控制接点都与 PLC 部分的接点一一对应,经与 PLC 主机的输出端相连,通过对 PLC 的编程、操作可达到希望的控制效果。

5.SPWM 观测区

SPWM 观测区包括 SPWM 及马鞍波的变频原理的波形观测(分别在对应的模式下才能观测到正确的波形)。

测试点 1:在这两种模式下的 V/F 函数的电压输出。

测试点 2、3、4:在 SPWM 模式下为三相正弦波信号,在马鞍波模式下为三相马鞍波信号。

测试点 5:高频三角波调制信号。

测试点 6、7、8:调制后的三相波形。

6.SVPWM 观测区

SVPWM 观测区是 SVPWM 的波形观测(在 SVPWM 模式下才能观测到正确的波形)。

测试点 9:在 SVPWM 模式下的 V/F 函数的电压输出。

测试点 10、11、12:空间矢量三相的波形。

测试点 13:三角波与 V/F 函数的电压信号合成后的 PWM 波形。

测试点 14:高频三角波调制信号。

测试点 15、16、17:三相调制波形。

7.三相主电路

主电路由单相桥式整流、滤波及三相逆变电路组成,逆变输出接三相鼠笼电动机。主电路交流输入由一开关控制。逆变电路由 6 个 IGBT 组成,其触发脉冲由相应的观测孔引出。

(十)DJK14 挂件(单相交直交变频原理)

该挂件主要完成单相交直交变频原理实验,面板如附图 1-27 所示。

1.主电路

主电路由 4 个 IGBT 及 LC 滤波电路组成,左侧为 0～200 V 的直流电压输入,右侧

输出经 LC 低通滤波后的正弦波信号。

2.驱动电路

驱动电路由 IGBT 专用驱动电路 M57962L 构成,具有驱动、隔离、保护等功能。

3.控制电路

控制电路由两片 8038 及外围元器件等组成,其中一片 8038 产生一路锯齿波,另一片产生一路频率可调的正弦波,调节正弦波频率调节电位器可调节正弦波的频率。

为了能比较清晰地观测到 SPWM 信号,锯齿波的频率分为两挡,可通过钮子开关进行切换。当钮子开关拨至"运行"侧时,输出频率为 10 kHz 左右,可减少输出谐波分量;当钮子开关拨至"测试"侧时,输出频率为 400 Hz 左右,方便用普通示波器观测 SPWM 信号。

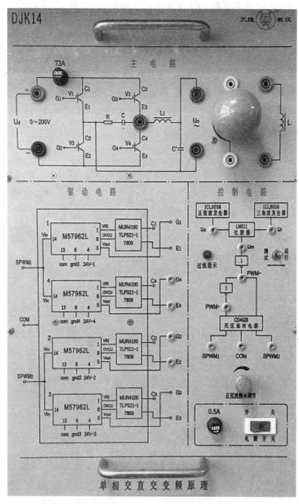

附图 1-27　DJK14 面板图

(十一)DJK19 挂件(半桥型开关稳压电源)

DJK19 面板如附图 1-28 所示,该挂件提供了半桥型开关稳压电源的主电路和控制电路。主电路中的电力电子器件为电力 MOSFET 管;控制电路采用专用 PWM 控制集成电路 SG3525,采用恒频脉宽调制控制方案。

(十二)DJK20 挂件(直流斩波实验)

该挂件用于斩波电路的 6 种典型电路实验。通过利用主电路元器件的自由组合,可构成降压斩波电路(Buck Chopper)、升压斩波电路(Boost Chopper)、升降压斩波电(Boost-Buck Chopper)、Cuk 斩波电路、Sepic 斩波电路、Zeta 斩波电路 6 种电路实验。面板如附图 1-29 所示。

(1)主电路接线图包括 6 种电路实验详细接线图,在实验过程中按元器件标号进行接线。

(2)主电路元器件指实验中所用的器件,包括电容、电感、IGBT 等。

(3)整流电路输入交流电源得到直流电源,要注意输出的直流电源不能超过 50 V。直流侧有 2 A 熔丝保护。

(4)控制电路中 PWM 发生器由 SG3525 构成,具体原理见实验部分。调节 PWM 脉宽调节电位器可改变输出的触发信号脉宽。

(十三)DJK25 挂件(整流电路有源功率因数校正)

该挂件完成整流电路有源功率因数校正实验,面板如附图 1-30 所示。原理及操作方法详见整流电路有源功率因数校正实验有关内容。

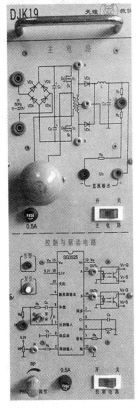

附图 1-28　DJK19 面板图

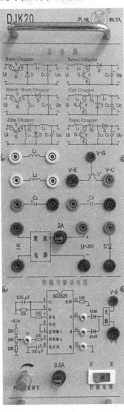

附图 1-29　DJK20 面板图

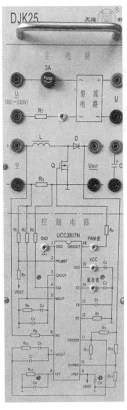

附图 1-30　DJK25 面板图

（十四）DJK26 单端电流反馈他激式隔离开关电源

DJK26 面板如附图 1-31 所示。采用专用集成电路 UC3844 作 PWM 控制器,可直接驱动 MOSFET 功率场效应管。原理及操作方法详见单端电流反馈他激式隔离开关电源实验内容。

（十五）D34-4 单相智能功率、功率因数表

通过键控、数显窗口实现人机对话功能控制模式。功率表测量精度为 1.0 级,电压表、电流表量程分别为 450 V、5 A。面板如附图 1-32 所示。

（十六）D42 可调电阻

附图 1-33 是 D42 面板图。D42 包括三组可调电阻,每组包括两个 900 Ω 联动可调电阻,可根据实验需要接成串联或并联的形式,每个电阻允许通过的电流为 0.5 A。

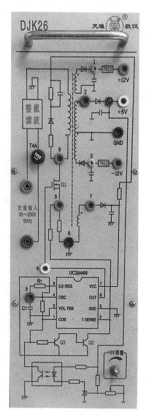

附图 1-31　DJK26 面板图

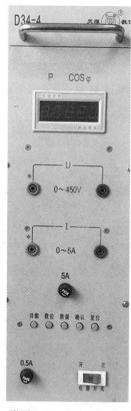

附图 1-32　D34-4 面板图

附图 1-33　D42 面板图

附录二 NMCL-Ⅲ型电力电子及电气传动教学实验台

一、实验台的总体结构

电力电子技术教学实验台总体外观结构如附图 2-1 所示。整个实验台由仪表屏、电源控制屏、实验桌、实验挂箱区、下组件区等组成。

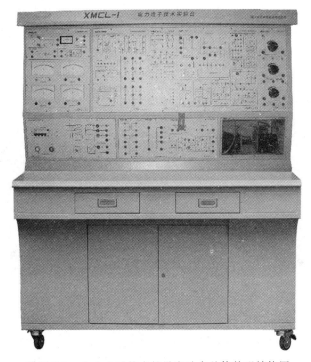

附图 2-1　电力电子技术教学实验台总体外观结构图

仪表屏：提供实验时需要的仪表，根据用户的需要配置指针式和数字式表。

电源控制屏：对整个实验台的电源进行控制，并通过隔离变压器输出三相交流电源。

实验桌：内可放置各种组件及电动机，桌面上放置电动机导轨。

实验挂箱区：放置实验时所需的功能组件。这些组件在实验台上可任意移动。组件内容可以根据实验要求进行搭配。

下组件区：主要放置实验时经常需要的直流电源以及变压器、电抗器。

二、供电电源

(1)整机容量：<1.5 kVA；

(2)工作电源：三相四线制，380 V±10％,50±1 Hz。

三、主要部件说明

（一）电源控制屏（NMCL-32）

电源控制屏（见附图 2-2）包括以下部分。

（1）断路器：整个实验台的总电源开关。

（2）主电路电源开关：当要断开主电路电源时，按下"断开"按钮，红色指示灯亮，表示主电源为断开状态。在红色指示灯灯发亮的情况下，按下"闭合"按钮，则主回路电源接通，同时绿色指示灯亮。

（3）交流电源输出选择开关：当进行直流调速实验时，钮子开关拨至"直流调速"侧；当进行交流调速实验时，则开关拨至"交流调速"侧。

（4）三相交流主电源输出：当三相交流电压正常输出时，对应的电源指示二极管亮。

（5）直流电动机励磁电源：有直流电压输出时，对应的发光二极管发亮，更换熔断器时，不可放大容量。

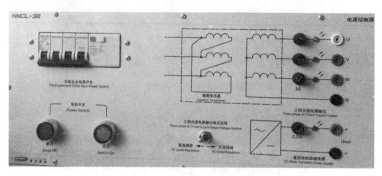

附图 2-2　电源控制屏面板图（NMCL-32）

合上断路器，红色指示灯亮。此时实验台的控制屏左右两边单相电源插座均有 220 V 电源输出，给实验挂箱提供电源的航空插座也已带电。实验时，当确认实验接线正确无误后，按下"闭合"按钮，三相电源经断路器、主接触器、隔离变压器、过流保护电路后输出，此时 U、V、W 接线柱有强电输出。实验完毕后，按下"断开"按钮，可断开 U、V、W 接线柱的电压输出。

三相电源带有熔断器组成的过流保护，当输出电流超过 3 A 或发生短路时，熔断器起到保护作用，从而避免烧毁变压器。

交流电源选择开关切换隔离变压器的副边输出电压，当切换到"直流调速"时，U、V、W 输出线电压为 200 V；当切换到"交流调速"时，U、V、W 输出线电压为 230 V。由于目前大部分地区电网电压都偏高，实际输出电压都高于上述电压。

直流电压为隔离变压器副边输出经过整流滤波后得到，输出电压随着电网电压及负载的变化而改变。实验中，电压范围为 200～270 V。当有电压输出时，对应的发光二极管发亮；如无电压输出，可检查是否因电流太大而使熔断器烧毁。

（二）低压控制电路及仪表（NMCL-31）

低压控制电路及仪表（见附图 2-3）包括六部分。

（1）给定：提供实验需要的直流可调电源。

正、负电压可分别由 RP_1、RP_2 旋钮进行调节（调节范围为 $0\sim\pm13$ V）。数值由面板右边的电压表读出。RP_1 是正给定电压调节旋钮，顺时针增大，初始状态逆时针到底。RP_2 是负给定电压调节旋钮，顺时针增大，初始状态逆时针到底。

S_1 是正、负给定电压切换开关，S_2 是阶跃信号控制开关，依次拨动 S_1、S_2 在不同位置即能达到以下要求。

①若 S_1 在"正给定"位，拨动 S_2 由"零"位到"给定"位能获得 0 V 突跳到正电压的信号，再由"给定"位拨到"零"位能获得正电压到 0 V 的突跳。

②若 S_1 在"负给定"位，拨动 S_2，能得到 0 V 到负电压及负电压到 0 V 的突跳。

③若 S_2 在"给定"位，拨动 S_1，能得到正电压到负电压及负电压到正电压的突跳。

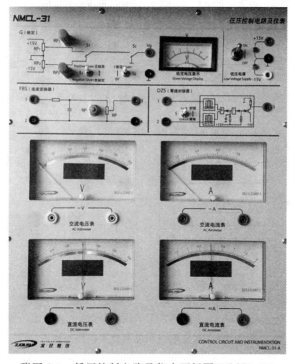

附图 2-3　低压控制电路及仪表面板图（NMCL-31）

（2）给定监视仪表：指示给定电压输出值。

（3）低压电源：输出 ±15 V 直流电压，利用低压电源控制开关切换正、负输出，指示灯亮代表对应的电源工作正常。

（4）速度变换器（FBS）：输入端"1""2"接转速输出，输出端"3""4"接速度调节器。

（5）零速封锁器（DZS）：零速封锁器的作用是当给定电压及速度反馈电压均为零时（即调速系统在停车状态），封锁电压调节器的输出，保证电动机不会低速爬行或者系统在零速时出现振荡。

(6)仪表区:提供交流电压表、交流电流表、直流电压表、直流电流表。根据实验需要选择仪表,不可超量程使用。

使用注意事项:给定输出有电压时,不能长时间短路,特别是输出电压较高时,否则容易烧坏限流电阻。

(三)触发电路和晶闸管主回路(NMCL-33F)

触发电路和晶闸管主回路(见附图 2-4)由同步电压及脉冲观察、脉冲移相控制、脉冲放大电路控制、Ⅰ组晶闸管、Ⅱ组晶闸管、电流反馈及过流保护和二极管整流桥单元组成。

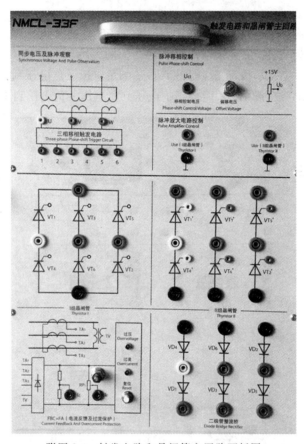

附图 2-4　触发电路和晶闸管主回路面板图

1.同步电压及脉冲观察

同步电压波形为正弦波,线电压为 50 V,U、V、W 三相电压相位差为 120°,相序为正序。

双脉冲观察孔,相邻脉冲相位差为 60°,通过示波器观察脉冲和同步电压的波形,进行移相角度的测量。

2.脉冲移相控制

U_c 端输入正电压时脉冲前移,输入负电压时脉冲后移,移相范围为 10°～170°。调节偏移电压电位器,可以调节 α 的初始角。

3. 脉冲放大电路控制

U_{blf} 和 U_{blr} 分别控制Ⅰ、Ⅱ组脉冲放大电路的工作状态。当 U_{blf} 接地时，第一组脉冲放大电路工作输出脉冲；当 U_{blr} 接地时，第二组脉冲放大电路工作输出脉冲。

注意：观察孔在面板上为小孔，仅能接示波器，不能接任何信号。特别是六路双脉冲观察孔，不能与Ⅰ、Ⅱ组晶闸管的控制极相连；1～6组双脉冲相位差为60°，且后一组脉冲滞后前一组脉冲，如果出现后一组脉冲超前前一组脉冲，则说明实验台输入的三相电源相序错误，只需更换三相电源任意两相即可。

4. Ⅰ、Ⅱ组晶闸管

Ⅰ、Ⅱ组晶闸管接法见面板图，黑实线表示电路已有的连接线。当进行三相电路实验时，脉冲已在内部接好；当进行单相实验时，需外加触发脉冲。

注意：外加触发脉冲时，必须切断内部触发脉冲。

5. 二极管整流桥

由6只5 A、800 V二极管组成。

6. 电流反馈与过流保护(FBC+FA)

此单元有3种功能：一是检测电流反馈信号，二是发出过流信号，三是发出过压信号。

(1)电流反馈(FBC)：在晶闸管直流调速装置中，与电流互感器配合，检测晶闸管整流装置交流进线电流，以获得与晶闸管整流装置输出电流成正比的直流电压信号、零电流信号和过电流逻辑信号等。I_z 是零电流检测信号；I_f 是电流反馈信号，反馈强度由 RP_1 调节。

(2)过流过压保护(FA)：当主电路电流超过某一数值(2 A左右)后，电压超过260 V，接触器动作，断开交流主电路，同时过流过压指示发光二极管亮。当过压过流动作后，如故障已经排除，则按下"复位"按钮，恢复正常工作。

(四)直流调速控制单元(NMCL-18F)

直流调速控制单元面板如附图2-5所示，包括转速调节器(ASR)、电流调节器(ACR)、转矩极性鉴别器(DPT)、逻辑控制器(DLC)、零电流检测器(DPZ)和可调电容单元。

(1)转速调节器(ASR)："1"端接转速反馈，"2"端接给定，"1"与"7""5"与"6"接可调电容，可分别调节微分时间常数和积分时间常数，"4"端接零速封锁器输出，RP_1、RP_2 分别调节正、负限幅输出，RP_3 调节比例系数。

ASR参数：$R_1=R_2=R_3=R_4=R_5=R_6=10$ kΩ，$RP_3=20$ kΩ$+100$ kΩ 可调，$C_1=C_4=0.01$ μF，$C_2=C_3=0.22$ μF，C_4 可并联外接电容。

(2)电流调节器(ACR)："1"端接电流反馈，"3"端接转速调节器输出，"1"与"11""9"与"10"接可调电容，分别调节微分时间常数和积分时间常数，"8"接零速封锁器输出，RP_1、RP_2 分别调节正、负限幅输出，RP_3 调节比例系数，"2""4""5""6"供逻辑无环流实验专用，具体用法参考相关指导书。

ACR参数：$R_1=R_2=R_3=R_4=R_5=R_6=R_7=R_8=R_9=10$ kΩ，$RP_3=10$ kΩ$+2$ kΩ 可调，$C_1=C_5=0.047$ μF，$C_2=C_3=C_4=0.1$ μF，C_1、C_5 可并联外接电容。

(3)DPT、DPZ、DLC供逻辑无环流实验用，具体用法参考指导书。

(4)可调电容:共有 4 组,可分别作为 ASR、ACR 的积分电容和微分电容,通过琴键开关调节,每组可调电容的调节范围均为 0.1~11 μF。

琴键开关使用方法:每一挡开关上均有一数字,代表电容值,如 0.1 代表 0.1 μF。当按下开关时,则对应容量的电容被接入;弹出开关,则电容断开。所有电容采用并联接法,所以最大电容为 0.1+0.2+0.2+0.5+1+2+2+5=11 μF。

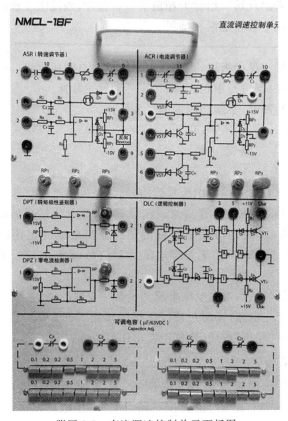

附图 2-5　直流调速控制单元面板图

(五)直流脉宽调速单元(NMCL-10A)

直流脉宽调速面板如附图 2-6 所示,包括脉宽调制变换器(PWM)、电流反馈(FBA)、脉宽调制器(UPW)、限流保护(FA)和逻辑延时单元。

1.脉宽调制变换器(PWM)

三相交流电压输入,接电源控制屏。如接调压器,注意输入电压不可超过 220 V。

二极管整流桥把输入的交流电变为直流电,正常情况下,交流输入为 220 V,经过整流后变为 300 V 直流电,滤波电容 C 为 470 μF/450 V;4 只功率 MOS 管构成 H 桥,根据脉冲占空比的不同,在负载上可得到正或负的直流电压。

在 H 桥的输出回路中,串接了一小电阻,阻值为 1 Ω,可用来观察波形,其上的电压波形反映了主回路的电流波形。同时,在回路中还串接了 LEM 电流传感器,经过放大,输出一反映电流大小的电压,作为双闭环控制系统的电流反馈信号。

在"2"和"4"端串接了一取样电阻,用于过流保护。当电阻的电压超过整定值后,过流保护电路动作,关闭脉冲,从而保护功率 MOS 管。

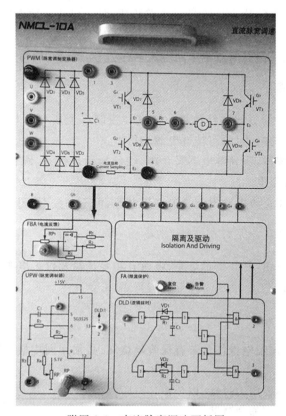

附图 2-6　直流脉宽调速面板图

2.脉宽调制器(UPW)

脉宽调制器由 PWM 波形专用芯片 SG3525 构成,"1"端三角波的频率为 18 kHz,通过调节"3"端的输入电压来改变"2"端输出波形的占空比,调节 RP 可得到实验所需的初始占空比。

3.逻辑延时(DLD)

为了防止 H 桥电路中上下两只功率管发生直通现象,所以驱动上下桥臂的脉冲必须有一定的死区时间,一般不小于 5 μs。

DLD 的作用就是把一路 PWM 信号分解成两路 PWM 信号。这两路 PWM 信号相位差 180°,同时留有死区时间。

该单元的"1"端根据实验要求接线,当进行直流—直流实验时,"1"端接 UPW 的输出端"2",DLD 单元的"2""3"端为两路 PWM 信号的观察点,在内部已接至隔离及驱动电路。

4.限流保护(FA)

为了保证系统的可靠性,在控制回路中设置了保护线路,一旦出现过流,保护电路输出两路信号,分别封锁 SG3525 的脉冲输出和与门的信号输出,同时面板的报警发光二极管亮,切断实验台的主电源。当故障消除后,按下"复位"按钮,控制电路恢复工作。

5.隔离及驱动

隔离及驱动电路由两片 R2110 驱动电路构成,输出已接至主电路开关管门极。

6.电流反馈(FBA)

电流反馈单元输入信号取自主电路电流取样信号,调节 RP_1 可以改变电流反馈系数。

四、上电操作步骤

(1)合上漏电保护器。此时红色指示灯亮。控制屏上所有单相电源有交流220 V电压,控制交、直流仪表的电源,所有挂件电源均得电。

(2)按下"闭合"按钮,听到继电器吸合声,红色指示灯熄灭,绿色指示灯亮,三相交流电源和直流高压电源得电。

(3)如果不用三相交流电输出和直流高压电源,可不必按下"闭合"按钮。

五、断电操作步骤

(1)按下"断开"按钮,断开指示灯亮,将所有实验挂箱及仪表电源开关拨至"OFF"处。

(2)断开漏电保护器。

六、注意事项

(1)更换保险,必须断电操作。若有保险丝烧坏,必须用同规格保险丝更换,不可增大或减小。

(2)电阻盘转动不要用力过猛,以免损坏电阻盘。

(3)使用变压器时不能超负荷。

(4)搬动挂箱需轻拿轻放,以免损坏挂件。

(5)用烙铁时需用烙铁架,不应直接放于实验桌及主控屏上,以免烧坏实验桌和主控屏及其他设备。

(6)双踪示波器有两个探头,可以同时测量两个信号。两个探头的基准线都与示波器的外壳相连接,所以两个探头的基准线不能同时接在某一电路的不同电位点上,否则将使这两点通过示波器发生电气短路。为此,在实验中可将其中一根探头的基准线取下或外包以绝缘,只使用其中一根基准线。当需要同时观察两个信号时,必须在电路上找到这两个被测信号的公共点,将探头的基准线接到这个公共点上,两个探头各接至被测信号处,即能在示波器上同时观察到两个信号,而不致发生意外。

参考文献

[1]王兆安.电力电子技术(第 5 版).北京:机械工业出版社,2009

[2]陈伯时.电力拖动自动控制系统(第 3 版).北京:机械工业出版社,2003

[3]陈伯时.电力拖动自动控制系统(第 4 版).北京:机械工业出版社,2009

[4]潘再平.电力电子技术与运动控制系统实验.杭州:浙江大学出版社,2008

[5]陈坚.电力电子学(第 3 版).北京:高等教育出版社,2011

[6]陈坚.柔性电力系统中的电力电子技术.北京:机械工业出版社,2012

[7](美)R. Krishnan.柴凤译.永磁无刷电机及其驱动技术.北京:机械工业出版社,2015

[8]文峰.自动控制理论.北京:电力出版社,2008

[9]浙江天煌科技实业有限公司.DJDK-1 型电力电子技术及电机控制实验装置实验指导书.V3.4 版.2005

[10]浙江求是科教设备有限公司.电力电子及电气传动实验指导.2017

[11]泰克科技公司.TDS2000B 系列数字存储示波器用户手册.2008